U0183331

网络通信技术应用

——基于 M580 可编程自动化控制器

主　编　黄冬雨
副主编　陈小淙　杨　渊

机械工业出版社

本书介绍了可编程自动化控制系统技术的基本概念、特性及应用，以校企合作实训室实验台的产品为依托，通过学习不同产品的安装、接线以及设备之间的网络通信功能的调试，来了解可编程自动化控制器（PAC）开放的工业标准和强大的网络通信能力，在向工业 4.0 时代迈进的过程中，如何实现工业设备之间的互联互通。根据职业教育理论与实践相结合的特点，本书将可编程自动化控制系统的各种应用功能分解到不同的工作任务中，从简单系统到复杂系统，循序渐进地帮助读者提升其职业能力，在完成工作任务的过程中逐步地掌握可编程自动化控制器编程和系统集成的能力。

根据工业企业自动控制领域人才的能力要求，本书设计了 4 大工作领域，分别是 Modicon M580 单机系统硬件的实现、Control Expert 软件的编程与使用、通信实现、Modicon M580 热备冗余系统的实现。在这 4 大工作领域中设计了 10 项工作任务、27 项职业能力。

本书可作为中、高等职业院校、应用型本科院校电气技术、自动化技术、机电一体化、智能制造及相关专业的实训教材，也可作为工程技术人员自学或系统调试的指导工具书。

图书在版编目（CIP）数据

网络通信技术应用：基于 M580 可编程自动化控制器/黄冬雨主编. —北京：机械工业出版社，2024.2
ISBN 978-7-111-75279-0

Ⅰ.①网⋯　Ⅱ.①黄⋯　Ⅲ.①可编程序控制器　Ⅳ.①TP332.3

中国国家版本馆 CIP 数据核字（2024）第 050279 号

机械工业出版社（北京市百万庄大街 22 号　邮政编码 100037）
策划编辑：杨　琼　　　　　　责任编辑：杨　琼
责任校对：梁　园　李　杉　　封面设计：马若濛
责任印制：常天培
北京机工印刷厂有限公司印刷
2024 年 4 月第 1 版第 1 次印刷
184mm×260mm·15.5 印张·379 千字
标准书号：ISBN 978-7-111-75279-0
定价：79.00 元

电话服务　　　　　　　　　网络服务
客服电话：010-88361066　机　工　官　网：www.cmpbook.com
　　　　　010-88379833　机　工　官　博：weibo.com/cmp1952
　　　　　010-68326294　金　书　网：www.golden-book.com
封底无防伪标均为盗版　机工教育服务网：www.cmpedu.com

前　言

20世纪60年代，PLC（Programmable Logic Controller，可编程逻辑控制器）的诞生促使工业进入3.0时代，制造过程自动化程度得到大幅度提升。过去10年，随着计算机与信息技术的高速发展，工业数字化得以迅速普及，现代工业应用需求范围不断扩大，在向工业4.0过渡阶段，PAC（Programmable Automation Controller，可编程自动化控制器）应运而生。PAC基于开放的工业标准，采用多处理器设计，既融合了传统PLC确定性的机器控制，又提供了较传统PLC更佳的控制运算和更强的通信能力。

施耐德电气在2014年推出的全以太网可编程自动化控制器Modicon M580 ePAC，集各种强劲功能和创新技术于一身，同时支持Modbus TCP和EtherNet/IP两种工业以太网及多种现场总线协议，方便与不同控制系统的互联互通，并为MES（Manufacturing Execution System，工厂制造执行系统）提供有效的、准确的数据支持，打通企业级经营管理应用系统与现场级控制系统间的信息断层，消除了孤岛效应。

本书响应职业教育"三教"改革中加强职业教育教材建设的要求，通过校企"双元"合作来开发。本书编写以职业能力为本位，通过分析企业生产项目中PAC使用的典型工作任务，形成4大工作领域、10项工作任务、27项职业能力的三级结构体系。本书内容以职业能力为基本支架和最小单元，每一单元以核心概念、学习目标、基础知识、能力训练和课后作业5个内容，构建知行用耦合的职业能力培养路径，辅助培养能力、完成任务、胜任岗位的课程教学目标达成。

本书基于施耐德Modicon M580 ePAC全以太网可编程自动化控制器进行撰写，按照PAC技术应用的工作过程，从单机系统硬件实现、软件编程使用、单项通信功能实现、综合通信功能实现到热备冗余系统实现，从简单到复杂，从单项到系统，引导学生完成递进式学习任务，实现教、学、做有效结合。

工作领域1安排Modicon M580单机系统搭建和接线工作任务，介绍了Modicon M580 ePAC单机系统的构成、模块特性、安装和系统接线等方面的相关知识，培养PAC单机系统硬件工作领域所需的职业能力。

工作领域2通过Control Expert编程软件的安装、配置、程序编写、下载和调试等工作任务，培养PAC软件编程调试工作领域所需的职业能力。

随着数字化的加速推进，IT技术不断地融入OT技术中，设备与设备、设备与产线、产线与产线、产线与工厂之间的互联、互通、互操作就显得尤为重要。工作领域3通过从单项通信功能到综合通信功能的实现,培养从上层 HMI 到控制器、再到现场 I/O、设备通过工业以太网、Modbus、CANopen、HART 等协议实现互联互通网络工作领域所需的职业能力。

为了进一步提高控制系统的可靠性,大型可编程自动化控制器使用冗余系统,这样,即使某个 CPU 或者网络出现故障,整个系统仍能正常运行。工作领域4通过 Modicon M580 ePAC 冗余系统的搭建、实施、调试等工作任务,培养实现大型高可靠性冗余控制系统工作领域所需的职业能力。

本书由施耐德电气黄冬雨主编,陈小淙、杨渊副主编。在本书的编写过程中,得到了施耐德电气阎新华(大学项目和工业标准总监)、岳帆(项目工程师)以及华东师范大学王笙年老师给予的很多支持和帮助,在此表示衷心的感谢!

本书为第 1 版,难免存在疏漏与不足,恳请广大专家、师生予以指正、反馈。

编 者

2022. 8

目 录

工作领域 1

Modicon M580单机系统
硬件的实现

工作任务 1.1　Modicon M580 单机系统的搭建及安装

职业能力 1.1.1　正确搭建 Modicon M580 单机系统及熟悉模块特性

一、核心概念

（一）PAC

PAC（可编程自动化控制器，Programmable Automation Controller）的概念是由 ARC 咨询集团的高级研究员 Craig Resnick 提出的，在谈到创造这个新名词的意义时，他认为 "PLC 在市场相当活跃，而且发展良好，具有很强的生命力。然而，PLC 也正在许多方面不断改变，不断增加其魅力。自动化供应商正不断致力于 PLC 的开发，以迎合市场与用户需求。功能的增强促使新一代系统浮出水面"。PAC 是一种多功能控制器平台，它拥有 PLC 的稳定性、坚固性和分布式本质，提供了较传统 PLC 更佳的控制运算，更大的存储能力，更强的网络通信功能。

（二）Modicon M580 ePAC

Modicon M580 ePAC 是第一款全以太网可编程自动化控制器，汇集了工业以太网技术的诸多优势，从而确保不同控制层级之间、各系统之间和系统内设备之间协同工作更顺畅、更高效。它是为工业过程控制和基础设施自动化控制打造的高端模块化控制器，采用开放、灵活、可靠、可持续、安全和可靠的架构。它包括内置以太网的标准控制器、冗余控制器和安全控制器（SIL3 等级），网络安全嵌入其内核。所有控制器都使用相同的 Modicon X80 I/O 平台模块及 EcoStruxure Control Expert 软件进行编程和配置。

二、学习目标

（1）正确识别 Modicon M580 系统的各个组件

（2）正确安装 Modicon M580 硬件系统

（3）正确分析 Modicon M580 CPU 的物理特性

三、基础知识

（一）Modicon M580 远程 I/O 系统（RIO）

Modicon M580 远程 I/O 系统使用基于可靠的 CIP 对象模型的 EtherNet/IP 技术，CPU 将 RIO 扫描器服务嵌入其内部，能够在以太网上与 Modicon X80 RIO 子站进行通信，从而实现确定性 I/O 交换。Modicon M580 RIO 架构如图 1-1 所示。

两个设备网络端口支持星形或环形架构（菊花链环路）。菊花链环路始于一个以太网端口，止于另一个以太网端口。

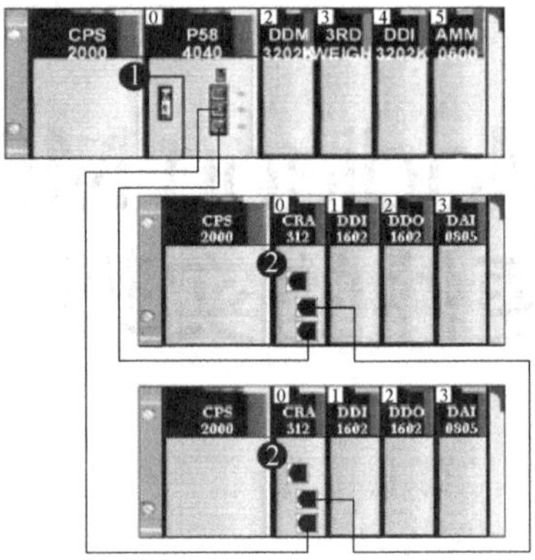

图 1-1　Modicon M580 RIO 架构

❶—CPU 主站　❷—远程 I/O 子站

（二）Modicon M580 机架

Modicon M580 PAC 包括 CPU、电源及 I/O 和通信模块的模块化系统，模块是安装在机架中的系统组件，并通过内置在该机架背板中的总线通信。机架的主要作用是向本地机架或远程子站中的模块提供通信总线。Modicon M580 的机架（见图 1-2）同时提供两种数据总线：BUSX 和 Ethernet，BUSX 总线用于 I/O 模块的数据传输，Ethernet 总线用于网络模块的数据传输。双数据总线的传输方式更好地提高了模块之间数据传输的效率。

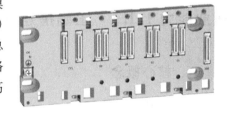

图 1-2　Modicon M580 机架

（三）电源模块

BMXCPS... 电源模块（见图 1-3、图 1-4）专用于为每个机架及其机架上的模块提供电源。电源模块的选择取决于配电网络（直流或交流）以及机架上模块工作所需要的功率。

图 1-3　电源模块

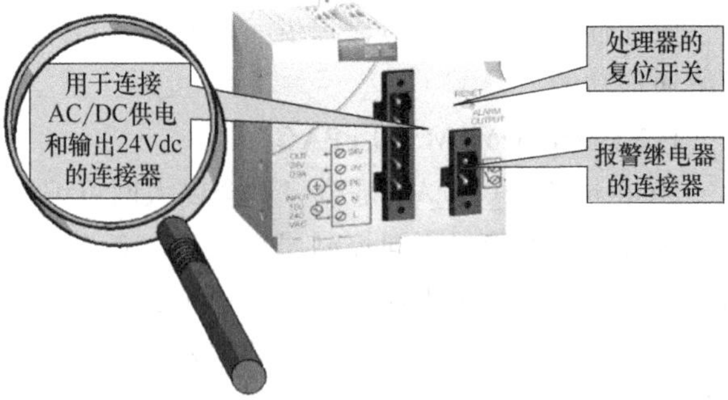

图 1-4　电源模块细节

用于连接 AC/DC 供电和输出24Vdc的连接器

处理器的复位开关

报警继电器的连接器

（四）CPU 模块

当可编程自动化控制系统投入运行时，CPU 首先以扫描的方式接收各输入装置的状态和数据，并分别存入 I/O 映像区，然后从用户程序存储器中逐条读取用户程序，经过命令解析后,将按指令的规定执行逻辑或算数运算的结果送入 I/O 映像区或数据寄存器内,等所有的用户程序执行完毕之后,最后将 I/O 映像区的各输出状态或输出寄存器内的数据传送到相应的输出装置,如此周而复始地运行直至停止。为了进一步提高控制系统的可靠性,大型可编程自动化控制器还采用了双 CPU 构成冗余系统,这样,即使某个 CPU 出现故障,整个系统仍能正常运行。

我们实验平台配置的 CPU 型号是 BMEH582040,这是一款用于热备冗余系统的 CPU,当两个热备冗余的 CPU 之间没有任何连接时,也可作为单机系统的 CPU 来使用。图 1-5 是 CPU 模块的外观图。

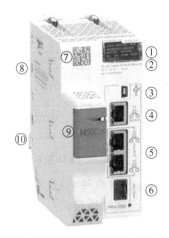

编号	描述	编号	描述
①	LED 显示屏	⑥	1Gbit/s 数据同步接口(热备冗余用)
②	MAC 地址	⑦	产品 QR code
③	Mini-B USB 连接器	⑧	与机架的 X-Bus 和以太网连接
④	RJ45 以太网口-服务口	⑨	可选 SD 内存卡的插槽
⑤	RJ45 以太网口-设备网络口	⑩	机架的定位和接地连接

图 1-5　CPU 模块外观图

在 Modicon M580 CPU 的背面有两个连接器,1 个用于和机架的 X-Bus 数据总线相连,另 1 个用于和机架的 Ethernet 数据总线相连。CPU 模块背面图如图 1-6 所示。

CPU 前面板上的每个 LED 指示灯均具备独立的专用功能。LED 指示灯的不同组合无需连接 CPU,即可提供诊断和故障排除的信息。CPU 的 LED 显示信息如图 1-7 所示。

(五)以太网通信模块

以太网通信模块 BMENOC0311(见图 1-8)同时支持 Modbus TCP 和 EtherNet/IP 两种工业以太网通信协议,可作为 Modicon M580 PAC 和其他以太网网络设备之间的接口使用,将分布式设备网络集成到 Modicon M580 架构中。NOC 模块也可作为控制系统与上位系统之间的通信接口。

该模块上有 3 个以太网端口,共享 1 个 MAC 地址和 IP 地址。

图 1-6　CPU 模块背面图

①—X-Bus 连接　②—Ethernet 连接

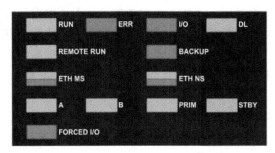

LED	功能	LED	功能
RUN	CPU 处于运行状态	ETH NS	NET STATUS:以太网连接状态
ERR	CPU 或系统发现错误状态	A	本地 CPU 设置为 A（与热备冗余相关）
I/O	I/O 模块发现错误状态	B	本地 CPU 设置为 B（与热备冗余相关）
DL	固件正处于下载状态中	PRIM	本地 CPU 作为主机运行（与热备冗余相关）
REMOTE RUN	远端 CPU 运行中（与热备冗余相关）	STBY	本地 CPU 作为备机运行,（闪烁:没有发现其他 CPU）（与热备冗余相关）
BACKUP	指示不一致的存储程序	FORCED I/O	有离散量 I/O 点被强制
ETH MS	MOD STATUS:以太网端口配置状态		

图 1-7　CPU 的 LED 显示信息

ETH1：服务端口，可提供访问和镜像两种功能。访问用于连接以太网分布式设备或提供外部工具的访问接口。镜像用于网络调试诊断。

ETH2 & ETH3：设备端口，连接分布式设备，通过菊花链环网方式提供电缆冗余（RSTP）。

（六）远程子站适配器模块

远程子站适配器模块 BMECRA31210（见图 1-9）是远程 I/O 子站与 CPU 主站之间的连接通信接口。

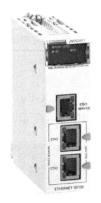

图 1-8　以太网通信模块 BMENOC0311

图 1-9　远程子站适配器模块 BMECRA31210

CRA 适配器模块有 3 个以太网端口，ETH1 是服务端口，具有访问和镜像两种功能。访问功能用于连接网络的外部监控或配置工具；镜像功能用于以太网络的调试诊断，可以将其他端口的数据包复制到该端口，连接管理工具监控和分析数据包。ETH2 & ETH3 是设备端口，实现远程 I/O 与远程 I/O 扫描器之间的隐式 I/O 交换，支持菊花链环网的架构连接，以实现电缆冗余。

（七）离散量输入模块

离散量输入模块 BMXDDI1602（见图 1-10）是 16 通道 DC 24V，用于连接外部的机械触点或电子数字式传感器，将现场传来的外部离散信号的电平转换为 PLC 内部的信号电平。

（八）离散量输出模块

离散量输出模块 BMXDDO1602（见图 1-11）是 16 通道 DC 24V 离散量晶体管输出模块，用于将用户控制逻辑的运算结果输出到控制器外部。

图 1-10　离散量输入模块 BMXDDI1602

图 1-11　离散量输出模块 BMXDDO1602

（九）HART 模拟量输入模块

HART 模拟量输入模块 BMEAHI0812（见图 1-12）是 8 通道，用于将现场 HART 协议的智能仪表信号接入控制器。

（十）HART 模拟量输出模块

HART 模拟量输出模块 BMEAHO0412（见图 1-13）是 4 通道，用于将控制器输出与现场 HART 协议设备连接。

图 1-12　HART 模拟量输入模块 BMEAHI0812　　　图 1-13　HART 模拟量输出模块 BMEAHO0412

四、能力训练

（一）操作条件

1. 掌握 Modicon M580 系统的相关基础知识。

2. 正确使用电工基本工具并进行简单操作。

3. 熟悉施耐德电气 Modicon M580 系统实验台布置。

（二）安全及注意事项

1. 遵守用电安全基本准则，通电时应注意安全防护，保证人员安全。

2. 接通电源后，严禁用手或导体触摸各电气元件及接线端子，以免触电。

3. 按步骤规范操作，保证设备安全。

4. 完成实验后，应清点工具，关断实验台电源，整理实验台，恢复实验台原样。

（三）操作过程

序号	步骤	操作方法及说明	质量标准
1	检查施耐德电气 Modicon M580 实验台有无异常	观察施耐德电气 Modicon M580 实验台模块是否齐全，有无损坏现象	施耐德电气 Modicon M580 实验台模块齐全，无损坏现象，如图所示： 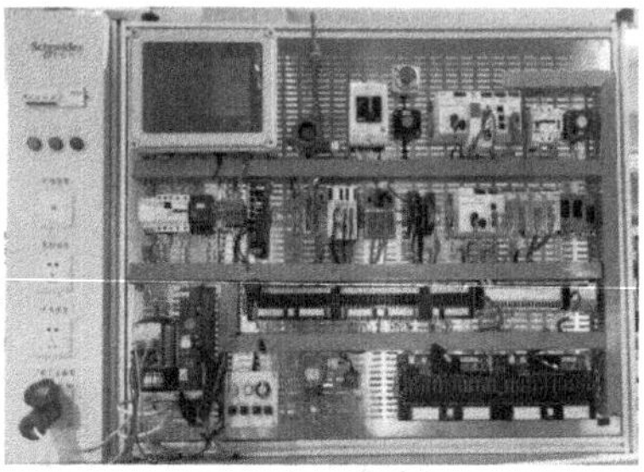
2	安装模块	1. 安装电源模块 将 BMXCPS2000 电源模块安装在机架的电源专用插槽中（左边的前两个插槽）。将模块背面的定位引脚（位于模块底部）插入机架中相应插槽中，朝机架顶部转动模块，使模块与机架平齐，拧紧模块顶部的安装螺钉，将模块固定在机架上。拧紧扭矩:0.4~1.5N·m 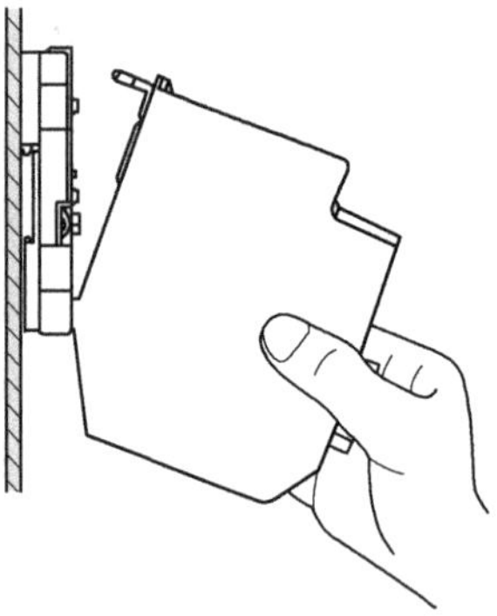 机架和电源模块的接地： 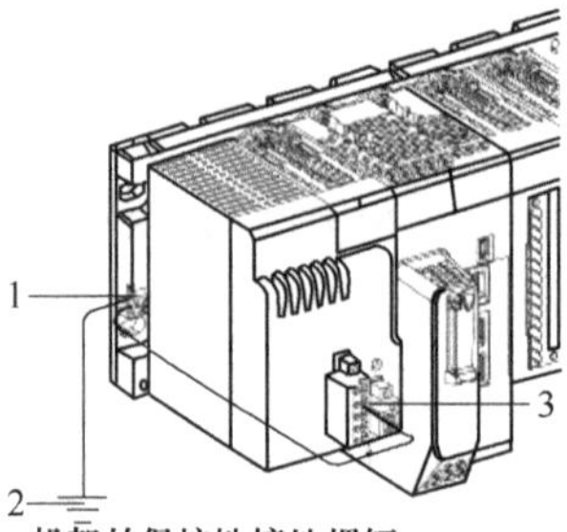 1—机架的保护性接地螺钉 2—系统(机柜)接地 3—电源模块的功能性接地(FG)端子	按照 Modicon M580 系统要求安装好模块，模块位置如下： 主机架： 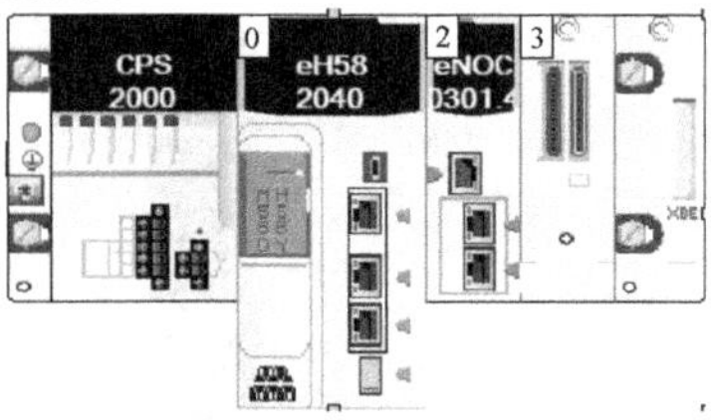 远程 I/O 机架： 

（续）

序号	步骤	操作方法及说明	质量标准
2	安装模块	2. 安装 CPU 模块 将 CPU 模块安装在主机架的 00 和 01 槽位。将模块背面的定位引脚(位于模块底部)插入机架中相应插槽中,朝机架顶部转动模块,使模块与机架背部平齐,拧紧 CPU 模块顶部的两个安装螺钉,以确保模块在机架上固定到位 安装其他模块到相应的位置,方法同上	
3	菊花链环网	1. 使用一段网络跳线,将 Modicon M580 CPU 模块的 ETH2 端口连接到 BME-CRA31210 模块的 ETH3 端口 2. 以同样的方式,另取一段网络跳线,通过将 Modicon M580 CPU 模块的 ETH3 端口连接到 BMECRA31210 模块的 ETH2 端口,循环返回 观察 Modicon M580 CPU 模块和 CRA 模块的 LED 指示灯情况	构建菊花链环网完成

问题情境一:

问: 假如你是一名自控系统维护工程师,发现 CPU 模块前面板的 RUN LED 灯闪烁不停,请问如何解释这种现象的发生?

答: CPU 模块上的 RUN LED 灯,如果常亮,表示 CPU 处于运行状态;如果闪烁,表示 CPU 处于停止状态。问题情境中面板 LED 灯闪烁不停,说明 CPU 目前处于停止状态。

问题情境二:

问: 假如你是一名自控系统设计工程师,请问 PAC 系统的电源模块选型应考虑哪些因素?

答: 电源模块的选型主要考虑两方面因素:

1. 配电网络的供电类型和电压等级;

2. 安装在该电源模块工作的机架上的所有模块工作所需的功率大小。

（四）学习成果评价

序号	评价内容	评价标准	评价结果（是/否）
1	Modicon M580 模块	1. 认识施耐德电气 Modicon M580 实验台上的各种模块类型 2. 准确地说出各个模块的用途	
2	Modicon M580 远程 I/O 架构	构建 Modicon M580 远程 I/O 菊花链环网架构	

五、课后作业

请设计一套自来水厂滤池控制系统，有两个滤池需要集中控制，每个滤池都有自己的 I/O 箱，画出该控制系统的网络架构图。

职业能力 1.1.2　能看懂电气接线原理图，能对 Modicon X80 I/O 模块正确接线

一、核心概念

（一）Modicon X80 系列 I/O 模块是安装在 Modicon M580 机架上的通用 I/O 模块，X80 I/O 模块可应用于 Modicon M580 的本地 I/O 架构和远程 I/O 架构。

（二）接线注意事项：

离散量输入/输出模块具有保护措施，确保能够适应极其恶劣的工业环境，但是仍然需要遵守下述规则：

1）使用速断熔断器或断路器保护与离散量输入/输出模块关联的外接传感器和预执行器电源，以防止短路和过载。

2）根据适用的规范安装 24V 电源。24V 电源的 0V 端子必须连接到金属地线，并且在尽可能接近电源的位置安全接地。这样，在电源的某一相与 24V 电源接触时，可以确保人员安全。

二、学习目标

（一）了解 Modicon X80 I/O 模块的性能指标

（二）了解并掌握 Modicon X80 I/O 模块的正确接线

（三）看懂电气原理图，了解主要设备、元器件之间的连接关系

三、基本知识

PAC/PLC 自动化控制除了需要编写下载既定的程序外，还要对 PAC/PLC 本身进行供电、输入端口和输出端口接线，只有 PAC/PLC 的程序指令正确，输入端口和输出端口接线正确，PAC/PLC 才能真正实现自动化控制。

（一）实验平台接线原理图

实验平台接线分为电源接线和 I/O 接线两部分。

图样中线路两端的标号代表了线路的流向，如"1101.7→"，代表电路进线来源于图样1101 页的第 7 列。

电源接线很简单，确认模块或设备的供电类型，本实验平台的模块和设备有两种类型的供电：AC 220V 和 DC 24V，接线前应对图样和实物确认清楚，确保回路没有短路，确保强弱电没有混合在一起。接地线一定要接，不能省略。电源接线原理图如图 1-14 所示。

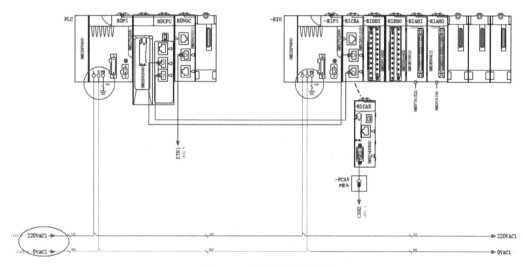

图 1-14　电源接线原理图

I/O 接线是控制系统的重点，输入/输出接线分为离散量和模拟量。以离散量输入为例，离散量输入一般分为 PNP 和 NPN 两种形式，这两种接线方式的区别在于公共端的解法不同，PNP 又称为正逻辑，高电平有效，NPN 又称为负逻辑，低电平有效。在实验平台的图样中，我们看到 DC 0V 和 COM 端短接，当通道 0 的开关闭合后，通道 0 就会有 DC 24V 输入，这就是 PNP 的接法。离散量输入接线原理图如图 1-15 所示。

（二）BMX DDI 1602 模块

BMX DDI 1602 模块是一个通过 20 针端子块连接的 DC 24V 离散量输入模块，如图 1-16 所示。它是一个正逻辑（或漏型）模块：它的 16 个输入通道接收来自传感器的电流。

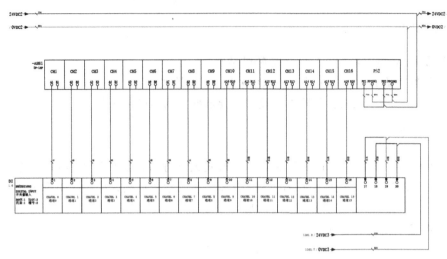

图 1-15　离散量输入接线原理图

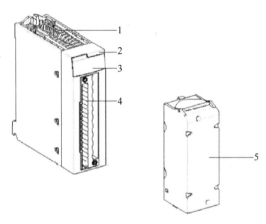

编号	描述	编号	描述
1	固定外壳	4	可容纳 20 针端子块的连接器
2	模块型号标签（模块右侧也有 1 个标签）	5	20 针端子块，用于连接传感器或预执行器
3	通道状态显示面板		

图 1-16　离散量输入模块和 20 针端子块

直流输入（正逻辑）电路图如图 1-17 所示。

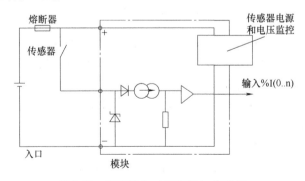

图 1-17　直流输入（正逻辑）电路图

BMX DDI 1602 模块接线图如图 1-18 所示。

（三）BMX DDO 1602 模块

BMX DDO 1602 模块是一个通过 20 针端子块连接的 DC 24V 离散量输出模块。它是一个正逻辑（或源型）模块：它的 16 个输出通道为预执行器提供电流。

直流输出（正逻辑）电路图如图 1-19 所示。

BMX DDO 1602 模块端子接线图如图 1-20 所示。

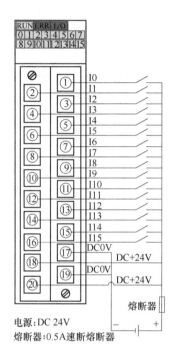

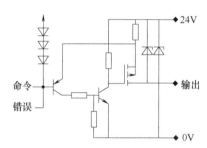

电源：DC 24V
熔断器：0.5A速断熔断器

电源：DC 24V
熔断器：6.3A速断熔断器
预执行器：预执行器

图 1-18　BMX DDI 1602
模块接线图

图 1-19　直流输出（正逻辑）电路图

图 1-20　BMX DDO 1602
模块端子接线图

四、能力训练

（一）操作条件

1. 掌握模块安装接线的相关基础知识。

2. 正确使用电工基本工具并进行简单操作。

3. 熟悉施耐德电气 Modicon M580 实验台。

（二）安全及注意事项

1. 遵守用电安全基本准则，通电时应注意安全防护，保证人员安全，接线前应确保断电。

2. 接通电源后，严禁用手或导体触摸各电气元件及接线端子，以免触电。

3. 按步骤规范操作，保证设备安全。

4. 完成实验后，应清点工具，关断实验台电源，整理实验台，恢复实验台原样。

5. 爱护图样，不要在图样中乱涂乱画。

（三）操作过程

序号	步骤	操作方法及说明	质量标准
1	检查施耐德电气 Modicon M580 实验台有无异常	观察施耐德电气 Modicon M580 实验台模块是否齐全，有无损坏现象	施耐德电气 Modicon M580 实验台模块齐全，无损坏现象，如下图所示： 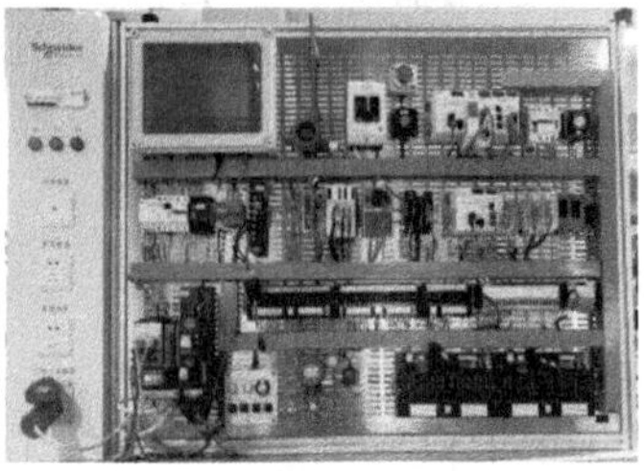
2	查看图样标题栏	查看图样标题栏，了解图样内容、页码、排序等信息： 	找到图样的标题栏，并能通过标题栏了解图样信息
3	查看部件汇总表	部件汇总表提供了该实验台所使用的设备和材料的型号、规格及数量： 	根据部件汇总表检查所有设备材料
4	查看图样	查看图样内容，了解模块和设备接线： 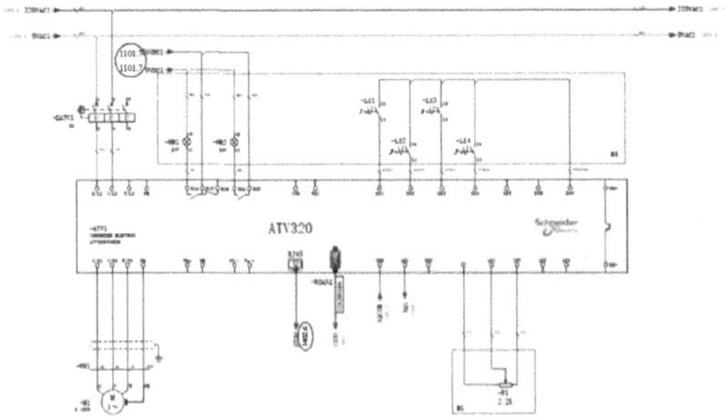 图样圈中的绿色数字标识了进线来源，和出线去处，例如：1402.6 代表 1402 页的第 6 列	看图识别使用的设备型号、每一条回路的连接
5	检查实验台设备接线	根据图样，逐一地检查实验台各设备的接线，确保回路没有短路，确保强弱电没有混合在一起。电源确认完毕后，应检查 PLC 的外部回路，即俗称的"打点"。对当前的实验应测试输入点，逐一地拨动输入模拟仿真板上的开关，观察对应输入模块通道的状态变化	正确识别设备线路的连接

问题情境一：

问：在为控制系统上电之前，应检查的内容有哪些？

答：1. 根据图样和实物模块的型号确认与进线电源类型是否正确。

2. 用万用表测量电压等级是否正确，确保回路没有短路，确保强弱电没有混合在一起。

3. 接地线是否连接正确。

问题情境二：

问：在查看电路图时，应如何识别电路流向？

答：图样中线路两端的标号代表了线路的流向，如"1101.7→"，代表电路来源于1101页的第7列。

（四）学习成果评价

序号	评价内容	评价标准	评价结果（是/否）
1	查看部件汇总表	根据部件汇总表检查所有设备材料	
2	查看标题栏	能翻阅多张不同的图样找到需要的图样，能分清图样的名称，了解图信息	
3	读图	能识别每一条回路的线路连接	
4	检查接线	能检查PLC外部回路接线，学会"打点"	

五、课后作业

了解还有哪些类型的离散量模块及接线方式，画出继电器输出类型模块的接线图。

工作领域 **2**

Control Expert软件的编程与使用

工作任务 2.1　软件安装及编程环境

职业能力 2.1.1　正确安装软件、注册授权、设置界面语言

一、核心概念

Ecostruxure Control Expert 是 Modicon M580 的编程软件，它支持 5 种 IEC 61131-3 标准的编程语言：梯形图（LD）、结构化文本（ST）、功能块图（FBD）、指令表（IL）、顺序流程图（SFC）。

软件集成完善的仿真功能，在没有实物 PAC 的情况下，通过计算机即可准确地再现程序的目标行为，在仿真中所有调试工具均可使用：断点和观察点、实时监测、程序单步执行等。通过仿真器可以实现无需连接实物 PAC 调试程序逻辑。

二、学习目标

（一）正确安装 **Control Expert** 编程软件
（二）正确激活软件授权
（三）会设置界面语言

三、基础知识

（一）系统需求
在 Control Expert V15.1 软件安装和使用时，对 PC 的软硬件最低和推荐需求如下：

最低和推荐的计算机配置	
CPU	2.4 GHz,推荐 3.0 GHz 或更高 Core i3 或更高,推荐 Core i7 或更高

（续）

最低和推荐的计算机配置	
RAM	8 GB,推荐 16 GB 16 GB minimum for Windows Server
硬盘	8GB 包括软件安装、执行和保存应用程序,推荐 20GB
操作系统及版本	Microsoft Windows 10 64-bit,version 21H1 或更新版本 Microsoft Windows 10 64-bit Enterprise 2019 LTSC,version 1809 Microsoft Windows Server 2019,standard 1809 version
网络访问	推荐通过 Internet 激活授权
其他	USB

（二）软件授权

当 Control Expert 软件安装后，如果没有激活授权，只有 30 天的试用期。

如需激活授权，你需要找到软件的 Activation ID，如图 2-1 所示。

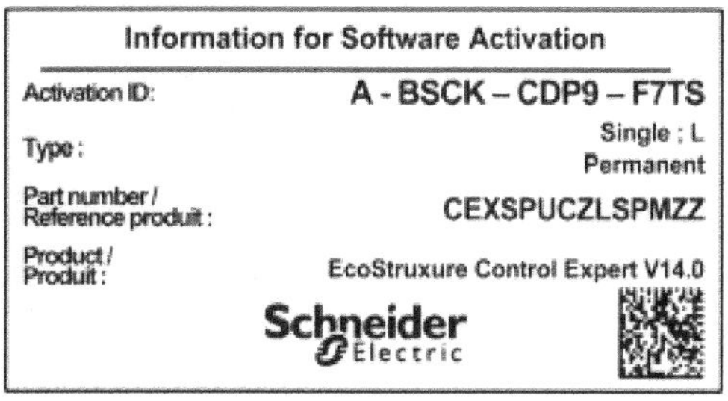

当计算机连上 Internet，去 Schneider 许可证服务器激活授权。

一旦需要重装计算机系统，或者将授权转移到其他计算机使用时，应将已激活的授权返回到 Schneider 许可证服务器，新的计算机再用该 Activation ID 去重新激活授权。

图 2-1　Activation ID 示例

（三）语言切换

Control Expert 软件支持 6 个国家的语言界面：即英文、中文、法文、德文、意大利文、西班牙文。根据使用者的需要可做软件界面语言的切换。

四、能力训练

（一）操作条件

1. 掌握软件安装的基础知识。

2. 计算机已安装可用的操作系统，并具有管理员权限。

3. 正确地将计算机连接 Internet。

（二）安全及注意事项

1. 遵守用电安全基本准则，通电时应注意安全防护，保证人员安全。

2. 按步骤规范操作，保证设备安全。

（三）操作过程

序号	步骤	操作方法及说明	质量标准
1	检查计算机中是否已安装 Microsoft.NET 3.5 SP1	如果计算机中没有安装 Microsoft.NET 3.5 SP1,从 https://dotnet.microsoft.com/download/dotnet-framework/net35-sp1 地址,选择下载 .NET Framework 3.5 SP1 Runtime,并连上 Internet 进行安装	正确安装 Microsoft.NET Framework 3.5 SP1 Runtime

（续）

序号	步骤	操作方法及说明	质量标准
2	安装 Control Expert 软件	安装程序的开始取决于软件包的介质： 使用 DVD-ROM：插入名为 Control Expert 的 DVD-ROM。启动软件包安装。如果未启动，则转到 DVD 根目录，启动 setup. exe 使用 . iso 文件：将安装包文件提取到磁盘并安装镜像（. iso）。双击位于安装包根目录中的 setup. exe 文件 1. 从下拉列表中选择安装语言，然后单击"确定"进行确认。注意：所选语言用于 Control Expert 软件的安装和执行 2. 当下一步按钮可用时，单击"确认" 3. 阅读 ReadMe 和 ReleaseNotes 对话框中的兼容信息（并根据您的需要阅读其他信息）后，单击"下一步继续" 4. 阅读软件许可，选中"我接受许可协议中的条款"框确认您同意，然后单击"下一步"继续 5. 安装 Control Expert 时的默认路径为：C: \Program Files（x86）\ Schneider Electric\Control Expert ?? . ? \, ?? . ? 代表软件版本，您可以选择其他路径作为安装目录和 SESU（Schneider Electric 软件更新）工具的替换路径，单击"下一步"继续。注意：安装路径不得包含中文字符 6. 选择是否安装通信驱动程序，勾选安装，并单击"下一步"继续 7 选择所需的快捷方式，然后单击"下一步"继续 8. 安装过程完成后，您可以选择在单击"完成"退出安装后打开发行说明和/或启动 Control Expert 软件	正确安装 Control Expert 软件，能正常打开软件
3	激活软件授权	1. 确定计算机能连上 Internet 2. 启动 Windows 开始菜单→Schneider Electric→Schneider Electri-cLicense Manager→License Manager 授权工具，单击界面左下角"Activate" 3. 输入 Activation ID，单击"Next"，数秒后便会显示许可证成功创建消息 4. 单击"Finish" 5. 关闭 License Manager 授权工具	Control Expert 软件在 PC 上成功激活授权

（续）

序号	步骤	操作方法及说明	质量标准
4	设置界面语言	1. 将 Control Expert 软件界面语言设置为中文。启动 Windows 开始菜单→Ecostruxure Control Expert→Language Selection 工具 Control Expert Language Selection　× Select the language of the Control Expert software: Chinese ▼ Chinese English (United States) French German Italian Spanish 2. 选择"Chinese"，单击"确定"，关闭工具	能设置 Control Expert 软件界面显示为中文

问题情境一：

问：Control Expert 软件的授权在办公室的台式计算机里，若要到现场调试，如何将软件授权转移到调试用的便携式计算机中？

答：首先将软件授权返回到服务器，计算机连上 Internet，打开 Schneider electric License Manager 授权管理软件，记录下 Activation ID，勾选要返回的软件授权，单击"Return"，即可将软件授权返回到服务器。然后将便携式计算机连上 Internet，重新使用该 Activation ID 获取授权。

问题情境二：

问：如果客户希望将 Control Expert 软件安装在现场多台计算机中，请问你将如何处理？

答：Control Expert 软件在没有授权的情况下，只有 30 天的试用期，安装 30 天后必须激活授权才能继续使用，所以应先查看客户订购的软件激活码包含几个授权（1、3、10、100 个授权），可以同时在几台计算机中激活使用。

（四）学习成果评价

序号	评价内容	评价标准	评价结果（是/否）
1	Control Expert 软件安装要求	1. 明确 Control Expert 软件安装和使用的 PC 配置和操作系统要求 2. 正确安装软件	
2	激活授权	正确激活软件授权	
3	选择语言	正确设置软件界面语言	

五、课后作业

如果计算机要重装系统，请问如何应该如何处置 Control Expert 软件授权？

_____

_____

_____

职业能力 2.1.2 正确使用软件项目结构

一、核心概念

Control Expert 软件使用图形化的用户界面，界面非常友好，项目结构清晰，使用过其他 Windows 程序的用户会对这种界面的许多特性很熟悉。

二、学习目标

（一）掌握应用程序文件的管理

（二）正确地打开应用程序，浏览项目组件

（三）熟悉软件界面的结构及功能

三、基本知识

（一）项目文件的管理

下面是和项目文件相关的几种文件类型：

* . STU：项目工作文件。默认情况下，打开或保存用户项目时使用此格式。但是* . STU 文件在各 Control Expert 软件版本之间互不兼容，当软件版本升级后，* . STU 文件不能被打开。此时，应使用存档格式（* . STA 文件），或使用项目中的导出功能创建一个* . ZEF 文件，才能在不同软件版本之间打开。

* . ZTX：环境文件。它是<项目名>. STU 的配套文件，文件名为<项目名>. ZTX。这两个文件保存在同一个目录下，用于恢复项目关闭时保存的软件环境，包括打开工具的列表，每个工具的窗口大小、位置、内容和动态显示状态，以及任务栏和工具配置。* . ZTX 文件对于打开应用程序不是必需的。如果未提供任何* . ZTX 文件，则会使用默认环境打开应用程序。

* . STA：项目档案文件，只能在项目生成了之后创建。文件的压缩率很高（比 STU 文件的压缩率高约 50 倍以上）。* . STA 文件包含整个项目的 PLC 二进制文件、上传信息（注释及动态数据表）、操作员屏幕。可以通过电子邮件或小容量存储器支持共享项目，也可用于在 Control Expert 软件的各版本之间传输项目。在新版本的 Control Expert 上打开项目之后，能够以相同在线模式连接到 PAC。

注意：由于文件经过压缩，因此加载时间要比* . STU 文件长得多，建议使用* . STA 文件对项目进行存档，而将* . STU 文件用作实际工作文件。

* . ZEF：项目导出文件，可以在项目的任何阶段创建。导入项目后，必须重新生成，不能使用 ZEF 文件以相同在线模式连接到 PAC。

（二）软件用户界面

Control Expert 软件用户界面由若干个可配置的窗口和工具栏组成，如图 2-2 所示。

项目浏览器窗口列出了应用程序开发时的所有资源信息，如图 2-3 所示。

- 应用程序的配置信息；
- 自定义数据类型；
- 自定义函数功能块类型；

图 2-2　软件用户界面

- 变量和 FB（函数功能块）实例；
- 通信参数；
- 应用程序；
- 浏览和打印用户文档。

输出窗口显示有关各种进程（生成、导入/导出、用户错误、搜索/替换）的信息。默认情况下，输出窗口显示在 Control Expert 窗口的底部。

输出窗口由多个输出表单组成。每个表单对应于一个选项卡。输出窗口界面如图 2-4 所示。

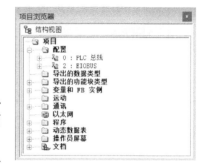

图 2-3　项目浏览器界面

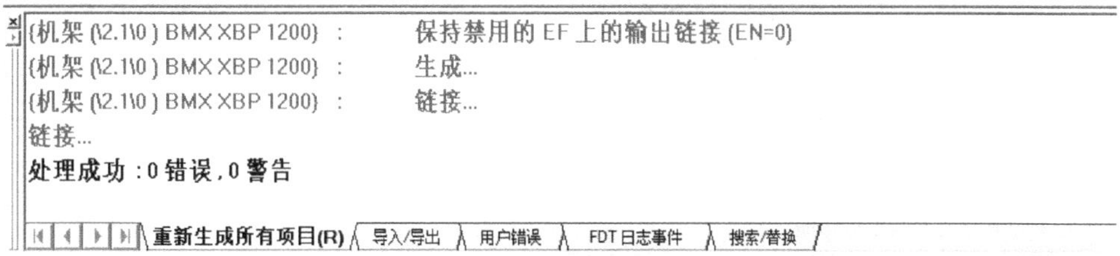

图 2-4　输出窗口界面

输出窗口显示已执行的操作结果或错误消息。错误条目显示为红色，警告条目显示为蓝色，双击错误条目将直接访问有错误的编程语言区域、配置或数据。

状态栏显示计算机上的当前项目、PAC 和软件状态的信息。

以 Modicon M580 热备 CPU 在线模式状态栏（见图 2-5）为例：

Ready	HMI R/W mode	EQUAL	RUN	UPLOAD INFO OK	USB:SYS	A - RUN_PRIMARY / B - STOP / DIFFERENT (1/2)	MEM	BUILT			INS
1	2	3 4	5	6	7 8	9	10 11 12	13	14 15 16	17	18

图 2-5　状态栏

标签	说明	值
1	信息区,用于显示菜单信息、FFB 实例信息(类型和名称)、变量信息	示例:Ready(就绪)
2	显示当前 HMI 访问权利。应用程序可以为下列模式之一:	
	人机界面读/写模式 这是打开应用程序时的默认模式	HMI R/W mode(HMI 读/写模式)
	人机界面只读模式 此模式在以下情况下活动: • 通过打开的文件窗口选中"以只读模式打开项目"选项,以只读模式打开应用程序 • 用第三方软件(使用 Pserver)打开先前以写模式打开的应用程序,打开时将有一个弹出窗口警告用户 此模式不允许保存该应用程序。通过使用第三方应用程序 Pserver 时,可以启动无 Control Expert 图形界面(即人机界面)的 Control Expert。在此情况下,将显示一个对话框提示用户是否应打开当前 PServer 实例	HMI R/O mode(HMI 只读模式)
3	链路状态	OFFLINE, DIFFERENT, EQUAL(离线、不同、相同)
4	如果项目中的初始值与 CPU 中的初始值不同,或已经过修改,则会显示*。若要删除*,建议以 PLC 初始值更新本地初始值(或者如果已在特定模块的调整屏幕中修改参数,则从 PLC 传输项目并保存)	-,*
5	CPU 状态	RUN,STOP,NO CONF,…(运行、停止、无配置…)
6	终端是否包含上载信息	示例:UPLOAD INFO OK(上载信息完好)
7	连接类型和所连接 CPU 的地址	示例:TCPIP:127.0.0.1
8	仅针对 Modicon M580 安全平台:操作模式状态	MAINTENANCE, SAFETY(维护、安全)
9	热备状态和更改次数	示例:A-RUN_PRIMARY/B-STOP/DIFFERENT(1/2)(A-运行在主机模式/B-停机/程序不相同(1/2))
10	行和列的信息(仅适用于编程语言编辑器)	示例:ln 13,Col 15
11	Syslog 服务器可用性(已配置时):	
	Syslog 服务器可用性	-
	无法连接 Syslog 服务器	SYSLOG
12	存储器状态:	
	不需要存储器的压缩功能	MEM(绿色)
	建议使用存储器的压缩功能命令	MEM(红色)
13	生成状态	BUILT, NOT BUILT(已生成、未生成)
14	在已连接的相等模式中(计算机与 CPU 中的程序内容及版本号完全相同),显示红色 F 表示在 CPU 中有位或字的值被强制。单击此字段可显示动态数据表[包含强制的变量列表(位/字)]	-,F
15	事件信息	
	如果 CPU 检出错误,则单击此字段即可了解检出错误的相关详细信息	
	CPU 检出新错误时显示的图标	

（续）

标签	说明	值
16	存储器备份状态：	
	CPU 中 RAM 应用程序等于闪存和/或 SD 卡内容	－
	闪存备份正在进行 注意:显示此图标时不要单击它。如果单击,则显示弹出消息,建议备份该应用程序:不要接受备份建议,因为备份已经在进行中	
	SD 卡备份正在进行	
17	指明是插入模式还是改写模式处于活动状态	INS、OVR(插入、改写)
18	指明大写锁定按钮是否处于活动状态	－,CAPS(－、大写)
"－"代表空字段		

四、能力训练

（一）操作条件

1. 掌握软件基础知识。

2. 正确安装 Control Expert 编程软件。

（二）安全及注意事项

1. 遵守用电安全基本准则，通电时应注意安全防护，保证人员安全。

2. 按步骤规范操作，保证设备安全。

（三）操作过程

序号	步骤	操作方法及说明	质量标准
1	开启软件	Windows 开始菜单→Ecostruxure Control Expert→Control Expert Classic,或者双击计算机桌面 APP 图标 Control Expert Classic	启动 Control Expert 软件
2	打开程序	打开 DEMO 程序路径:C:\Users\Public\Documents\Schneider Electric\Control Expert 15.1\demo_ControlExpert_M580.stu 	打开 DEMO 程序

（续）

序号	步骤	操作方法及说明	质量标准
3	浏览项目浏览器	1. 通过单击加号（+）打开项目树的分支。导航到变量和 FB 实例 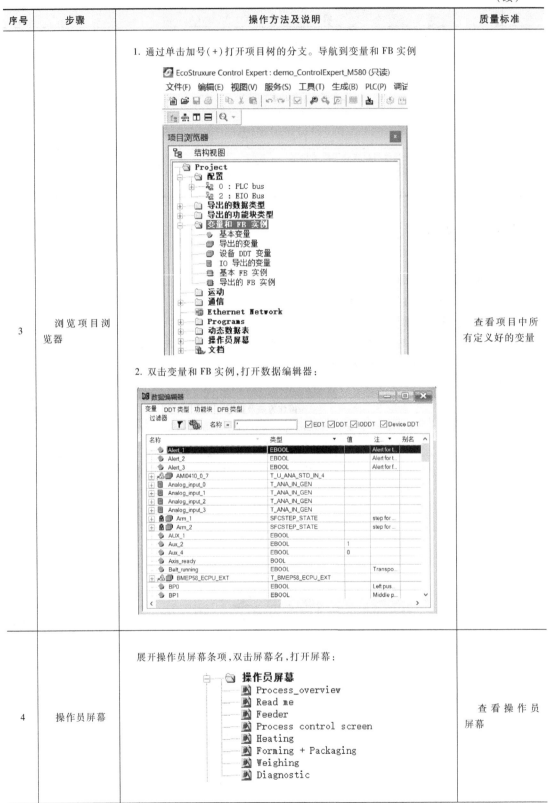 2. 双击变量和 FB 实例，打开数据编辑器：	查看项目中所有定义好的变量
4	操作员屏幕	展开操作员屏幕条项，双击屏幕名，打开屏幕： 操作员屏幕 Process_overview Read me Feeder Process control screen Heating Forming + Packaging Weighing Diagnostic	查看操作员屏幕

（续）

序号	步骤	操作方法及说明	质量标准
4	操作员屏幕	例如打开 Process_overview 屏幕： 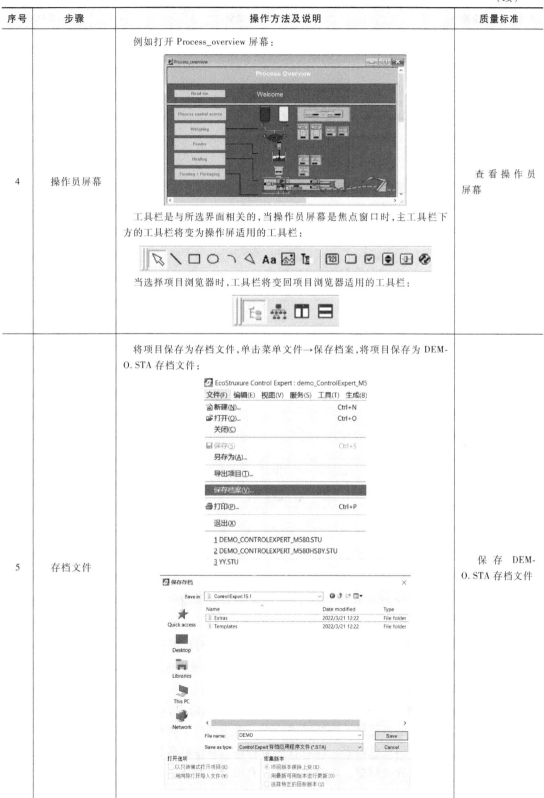 工具栏是与所选界面相关的，当操作员屏幕是焦点窗口时，主工具栏下方的工具栏将变为操作屏适用的工具栏： 当选择项目浏览器时，工具栏将变回项目浏览器适用的工具栏：	查看操作员屏幕
5	存档文件	将项目保存为存档文件，单击菜单文件→保存档案，将项目保存为 DEMO.STA 存档文件：	保存 DEMO.STA 存档文件

（续）

序号	步骤	操作方法及说明	质量标准
6	导出文件	将项目文件导出，单击菜单文件→导出项目，将项目导出为 DEMO. ZEF 文件 	导出项目文件 DEMO. ZEF

问题情境一：

问：请思考一下，如果要升级 Control Expert 的软件版本，应该怎样处理先前的项目文件？

答：新版本 Control Expert 软件不能打开老版本的 *.STU 项目工作文件，所以在老版本软件卸载之前，应将原项目文件保存存档为 *.STA 文件，导出成 *.ZEF 文件备份。

问题情境二：

问：请问你在 Control Expert 软件的输出窗口看到红色的内容，应该如何处理？

答：输出窗口显示已执行操作的结果或错误、警告消息。错误条目显示为红色，警告条目显示为蓝色，所以看到红色内容，代表程序有错误，双击红色错误条目可以直接访问有错误的编程语言区域、配置或数据，去修改错误，有错误的程序是无法生成、下载到控制器中使用的。

（四）学习成果评价

序号	评价内容	评价标准	评价结果(是/否)
1	项目文件类型	阐述出项目文件相关的几种文件类型	
2	启动软件	正确打开 Control Expert 软件	
3	软件界面	描述出软件界面各个部分的功能	
4	存档文件	把项目保存为存档文件	
5	导出文件	把项目文件导出	

五、课后作业

当我们保存项目时，系统默认生成 *.STA、*.AUTO.STA、*.ZTX 文件，请问这些文件分别有什么作用？

*.STA 文件：_____

*.AUTO.STA 文件：_____

*.ZTX 文件：_____

工作任务 2.2　处理器及模块的配置

职业能力 2.2.1　正确配置主站及远程 I/O 站

一、核心概念

本地主站机架是指包含 CPU 的机架。除 CPU 外，本地主站还包含电源模块，且可能包含通信处理模块和其他模块。

每个远程子站包含 1 个远程子站适配器 BM·CRA312·0 模块，一个或两个机架的 Modicon X80 I/O 模块，每个机架都包含自己的电源模块。

适配器是扫描器发出的实时 I/O 数据连接请求的目标。只有在扫描器将适配器配置为发送或接收实时 I/O 数据时，适配器才能执行这类操作，并且它不存储或创建建立连接所需的数据通信参数。适配器接受来自其他设备的消息请求。

二、学习目标

（一）掌握远程 I/O 子站与 CPU 主站之间的菊花链环网拓扑结构

（二）学会添加主站和远程 I/O 站模块

三、基本知识

远程 I/O 的网络拓扑结构

Modicon M580 远程 I/O 子站与 CPU 主站之间的网络拓扑使用菊花链环网拓扑，从 CPU

的 1 个设备端口连到第 1 个远程子站适配器 CRA 模块的设备端口，该适配器的另一个设备端口再连到下一个子站适配器的设备端口，依次如此串接下去，这样的拓扑结构如同穿成一串的菊花花瓣，故称之为菊花链环网拓扑，如图 2-6 所示。为了确保更高的系统可靠性，推荐将最后一个适配器的设备端口再连接 CPU 的另一个设备端口，构成环网结构，形成电缆冗余。

每个以太网端口接插一根标准的屏蔽 CAT5e 类或更高类别（10/100Mbit/s）的 RJ45 以太网电缆。Modicon M580 CPU 和 CRA 远程适配器模块没有光纤端口，因此使用电缆时，到另一个以太网远程 I/O 子站的距离必须少于 100m。菊花链限制如图 2-7 所示。

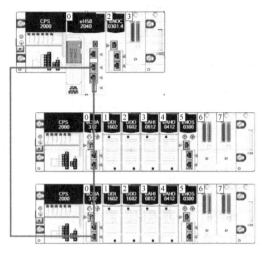

图 2-6　菊花链环网拓扑

如果超出这个限制，我们可以使用光纤中继模块 BMXNRP0200/0201 将架构扩展到 100m 区段之外，如图 2-8 所示。

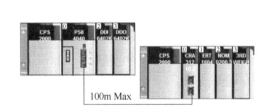

图 2-7　菊花链限制

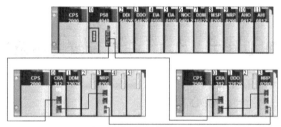

图 2-8　光纤中继模块

使用 NRP 模块可实现在连续的 X80 I/O 子站之间使用光纤连接。选择多模光纤模块，使用多模光纤连接，可用距离在 2km 以内选择单模光纤模块，使用单模光纤连接，其可用距离最长可达 15km。

四、能力训练

（一）操作条件

1. 正确安装 Control Expert 软件。

2. 掌握 Control Expert 软件相关基础知识。

3. 熟悉施耐德电气 Modicon M580 实验台。

（二）安全及注意事项

1. 遵守用电安全基本准则，通电时应注意安全防护，保证人员安全。

2. 按步骤规范操作，保证设备安全。

(三) 操作过程

序号	步骤	操作方法及说明	质量标准
1	开启软件	双击 Control Expert Classic 快捷方式,或者 Windows 开始菜单→Ecostruxure Control Expert→Control Expert Classic	开启软件编程界面
2	新建项目	单击文件→新建(N)…菜单,在弹出的对话框中,选择 Modicon M580,并选中相应的 Modicon M580 的 CPU 和机架型号: 注意: 界面中的最低操作系统版本代表 CPU 的固件版本号 软件中选择的版本号不能超过 CPU 硬件实际固件版本号 单击"确定" 弹出安全部署界面,用于设置应用程序密码: 单击"取消",先暂时不设置	进入 Modicon M580 PLC 的编程环境:
3	打开主站配置	在项目浏览器中,双击"0:PLC 总线": 	本地机架将会显示,且预先配置有 CPU 和电源:

（续）

序号	步骤	操作方法及说明	质量标准
4	替换电源模块	如果软件中配置的电源模块型号与实物不同,应更换软件中的电源模块,即选中电源模块,删除。在机架的空电源槽位上双击鼠标左键,在弹出的对话框中选择对应实物型号的电源模块即可	更换为与实验台主机架上型号一致的电源模块 BMXCPS2000:
5	替换机架	如果当前配置的机架型号与实物不符,应更换机架,选中要替换的机架,单击鼠标右键后,单击"替换机架(R)…",在弹出的机架型号列表中选择相应的机架型号即可;或者在机架编号上双击鼠标左键,在弹出的机架型号列表中选择相应的机架型号即可	配置与实验台型号相同的主机架 BMEXBP0400:
6	添加以太网模块	双击 2 号槽位,打开模块型号表:	添加与实验台上型号一致的以太网模块:BME_NOC0311

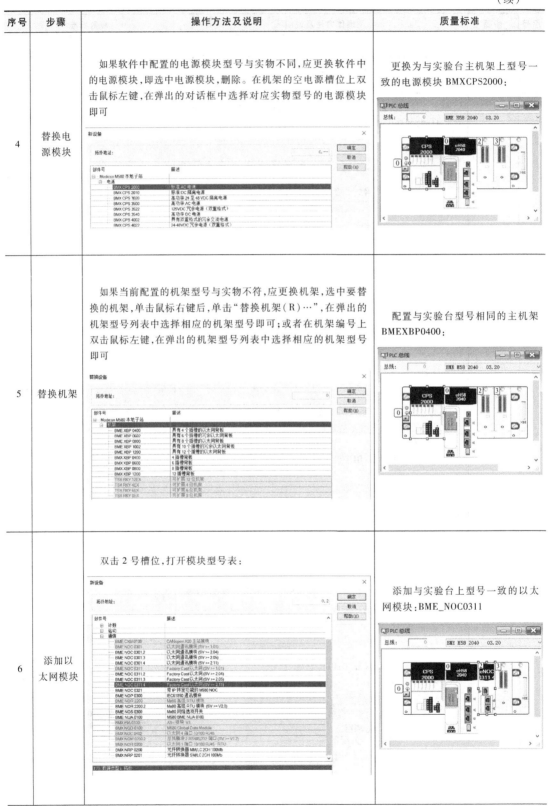

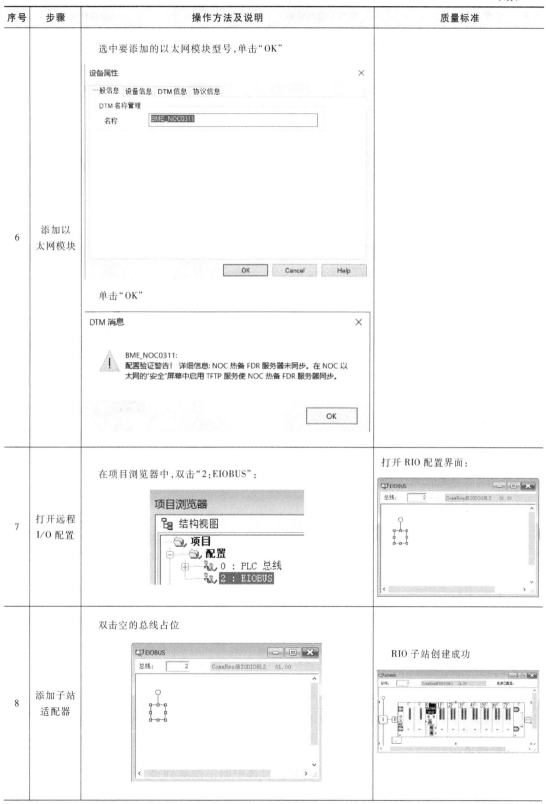

（续）

序号	步骤	操作方法及说明	质量标准
8	添加子站适配器	选择与实验台设备型号一致的机架及子站通信适配器,单击"确定" 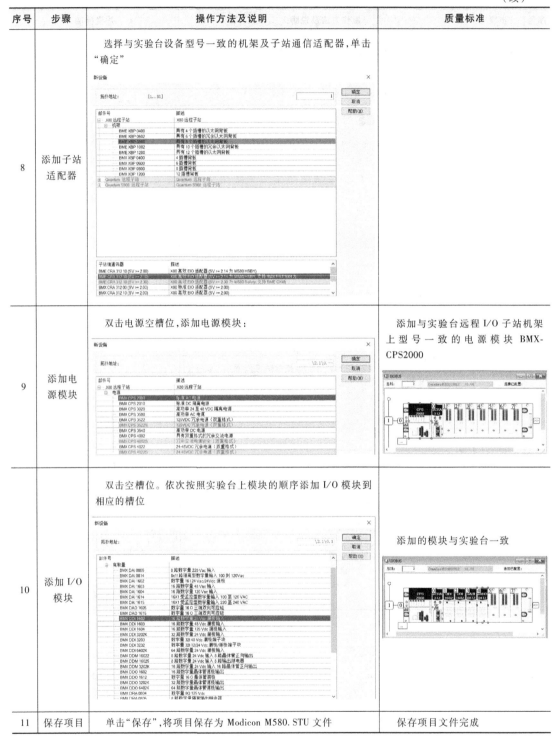	
9	添加电源模块	双击电源空槽位,添加电源模块:	添加与实验台远程 I/O 子站机架上型号一致的电源模块 BMX-CPS2000
10	添加 I/O 模块	双击空槽位。依次按照实验台上模块的顺序添加 I/O 模块到相应的槽位	添加的模块与实验台一致
11	保存项目	单击"保存",将项目保存为 Modicon M580.STU 文件	保存项目文件完成

问题情境一:

问:假如你是一名自控系统设计工程师,项目中的主控室到第 1 个现场分站距离较远,布线距离大约为 5km,应该如何处理?

答：在主站和第 1 个远程分站机架上各添加 1 个单模光纤中继模块，中间使用单模光纤连接，单模光纤最远间距可达 15km。

问题情境二：

问：在项目中，应避免网络的单点故障影响设备控制，应该搭建哪种网络架构？

答：使用环网架构。

（四）学习成果评价

序号	评价内容	评价标准	评价结果（是/否）
1	新建项目	能新建项目,并跳转到项目编辑界面	
1	网络拓扑架构	了解远程 I/O 子站与主站的网络拓扑架构及优势	
2	主站与子站配置	正确添加主站与子站的设备	

五、课后作业

查阅资料，工业以太网有哪些常用的拓扑架构，并画出拓扑架构图。

职业能力 2.2.2　正确设置 CPU 参数、CRA 参数、计算电源模块的消耗

一、核心概念

DHCP（Dynamic Host Configuration Protocol，动态主机配置协议）是 BOOTP 通信协议的扩展，可以自动地分配 IP 寻址设置，包括 IP 地址、子网掩码、网关 IP 地址和 DNS 服务器名称。DHCP 不需要维护用于标识各个网络设备的表。客户端使用其 MAC 地址或唯一分配的设备标识符向 DHCP 服务器标识自己。DHCP 服务使用 UDP 端口 67 和 68。

RSTP（Rapid Spanning Tree Protocol，快速生成树协议）最早在 IEEE 802.1W-2001 中提出，这种协议在网络结构发生变化时，能够更快地收敛网络。它比 802.1d 多了一种端口类型：备份端口（backup port）类型，用于指定端口的备份。该协议可应用于环路网络，通过

一定的算法实现路径冗余，同时将环路网络修剪成无环路的树形网络，从而避免报文在环路网络中的增生和无限循环。Modicon M580 模块正面的 Ethernet DEVICE NETWORK 端口（ETH 2，ETH 3）支持 RSTP，当模块上的设备网络端口（ETH 2 或 ETH 3）连接菊花链环路拓扑时，RSTP 服务将网络流量引导到另一个端口。当网络事件导致服务中断时，RSTP 通过激活冗余链路自动恢复网络通信。

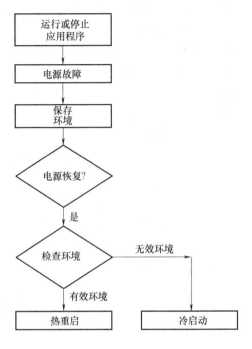

图 2-9　电源重置过程

二、学习目标

（一）掌握 CPU 模块参数配置

（二）了解如何获取 CRA 模块的 IP 地址

（三）了解如何查看电源模块功率消耗

三、基本知识

（一）CPU 操作模式

1. 电源断电和恢复

如果断电持续时间短于电源过滤时间，则不会对程序造成任何影响，程序将继续正常运行。如果断电持续时间长于电源过滤时间，则程序会中断，并且激活电源恢复处理。然后，CPU 将按图 2-9 所述，以热重启或冷启动的方式重新启动。

交流电源 BMXCPS2000、BMXCPS3500 和 BMXCPS3540T 电源的过滤时间为 10ms。直流电源 BMXCPS2010 和 BMXCPS3020 电源的过滤时间为 1ms。

系统断电后，将在 3 个阶段中恢复：

阶段	说　明
1	断电时,系统将应用程序环境、应用程序变量的值以及系统的状态保存在内部闪存中
2	系统将所有输出都设置为故障预置状态（配置中定义的状态）
3	电源恢复时,系统执行某些操作和检查,验证是否可进行热启动: • 恢复内部闪存应用程序环境 • 验证应用程序和环境有效性,如果所有检查都正确,系统执行热启动,否则执行冷启动

2. 冷启动

冷启动是通过电源模块上的 Reset 按钮或者 Control Expert 软件中的冷启动命令发起初始化。冷启动的结果是对所有变量执行重新初始化，它们将获得默认值。

注意：在执行了应用程序下载后，会像冷启动那样，对变量执行重新初始化。

3. 热启动

热启动通过断电来发起。热重启后，变量获得其在断电前所具有的值，数据恢复由 PLC 执行。程序执行不会从发生电源断电的节点继续。剩余程序在热重启过程中会被丢弃。每个任务都将从头重新开始执行。

（二）网络安全性配置页

Control Expert 软件提供 CPU 的网络安全设置服务。通过 Control Expert 中的安全性选项卡能够启用和禁用这些服务。

字　段	注　释
强制安全性和解锁安全性	当单击强制安全时（默认设置为强制安全性）：FTP、TFTP、HTTP、EIP、SNMP，和 DHCP/BOOTP 已禁用，且访问控制已启用 当单击解锁安全时：FTP、TFTP、HTTP、EIP、SNMP 和 DHCP/BOOTP 已启用，且访问控制已禁用 注意：应用全局设置后，可单独设置每个字段
FTP	通过 FDR 服务启用或禁用（默认）固件升级、SD 存储卡数据远程访问、数据存储区远程访问以及设备配置管理 注意：本地数据存储保持正常运行，但禁用远程访问数据存储
TFTP	通过 FDR 服务启用或禁用（默认）读取 RIO 子站配置和设备配置管理的功能 注意：启用此服务以使用 eX80 Ethernet 适配器模块
HTTP	启用或禁用（默认）Web 访问服务
DHCP/BOOTP	启用或禁用（默认）IP 地址设置自动分配。对于 DHCP，也启用/禁用子网掩码、网关 IP 地址和 DNS 服务器名称的自动分配
SNMP	启用或禁用（默认）用于监控设备的协议
EIP	启用或禁用（默认）对 EtherNet/IP 服务器的访问
访问控制	启用（默认）或禁用从未经授权的网络设备 Ethernet 访问 CPU 中的多个服务器

将"访问控制"设置为启用，以修改此字段

授权的地址	子网	是/否
	IP 地址	0. 0. 0. 0_223. 255. 255. 255
	子网掩码	224. 0. 0. 0_255. 255. 255. 252
	FTP	选择此选项授权访问 CPU 中的 FTP 服务器
	TFTP	选择此选项授权访问 CPU 中的 TFTP 服务器
	HTTP	选择此选项授权访问 CPU 中的 HTTP 服务器
	Port 502	选择此选项授权访问 CPU 的 502 端口（通常用于 Modbus 消息传递）
	EIP	选择此选项授权访问 CPU 中的 EtherNet/IP 服务器
	SNMP	选择此选项授权访问常驻在 CPU 中的 SNMP 代理

（三）CPU 集成以太网端口的 IP 地址配置页

Modicon M580 热备 CPU 要求分配三个 IP 地址。此外，Control Expert 会自动创建和分配第四个 IP 地址。IP 地址设置包括：

IP 主地址：可配置的 IPv4 IP 地址，由主机 CPU 用于与分布式设备进行通信。

IP+1 主地址（与热备冗余相关）：Control Expert 自动生成的 IPv4 IP 地址，分配给备机 CPU。此自动生成的 IP 地址等于 IP 主地址最后一位加 1。例如，如果 IP 主地址为 192. 168. 10. 1，则此自动生成的 IP 地址为 192. 168. 10. 2。

IP 地址 A：可配置的 IPv4 IP 地址适用于设置为 A 的 CPU，CPU A 使用此 IP 地址在 Ethernet RIO 网络上进行通信。

IP 地址 B（与热备冗余相关）：可配置的 IPv4 IP 地址适用于设置为 B 的 CPU。

子网掩码：此位码标识用于确定与网络地址及地址的子网部分相对应的 IP 地址位。

网关地址：其他网络的消息要传送到此网关。

（四）RSTP 配置页

在 RSTP 运行状态区域中，桥接器优先级：

- 根（0）（默认值）；
- 备份根（4096）；
- 参与者（32768）。

（五）SNMP 配置页

SNMP V1 代理是在模块上运行的 SNMP 服务的软件组件，可用于访问模块的诊断和管理信息。可以使用 SNMP 浏览器、网络管理软件和其他工具来访问此类数据。另外，可以为 SNMP 代理配置一或两台设备（通常是运行网络管理软件的 PC）的 IP 地址，使其成为事件驱动的陷阱消息的目标。这些消息将通知管理设备发生某件事件，比如冷启动及软件无法对设备进行身份验证。

使用 SNMP 选项卡可为本地机架和 RIO 子站中的通信模块配置 SNMP 代理。作为 SNMP 服务的一部分，SNMP 代理可以连接到一或两个 SNMP 管理器并与之通信。SNMP 服务包括：

- 由 Ethernet 通信模块对所有发送 SNMP 请求的 SNMP 管理器进行身份验证检查；
- 管理事件或陷阱。

（六）NTP 配置页

NTP 服务具有以下特点：

- 从作为参考标准的时间服务器获得周期性时间修正。
- 如果正常时间服务器系统检测到错误，则会自动切换到备用（辅助）时间服务器。
- 控制器项目使用一个功能块读取精确时钟，从而允许对项目事件或变量进行时间标记。

Modicon M580 CPU 可配置为 NTP 服务器或 NTP 客户端。

如果将 PAC 配置为 NTP 客户端，则网络时间服务（SNTP）可对 Modicon M580 CPU 中的时钟与时间服务器的时钟进行同步。同步值用于更新 CPU 中的时钟。典型时间服务配置利用冗余服务器和多种网络路径来实现高精度和可靠性。

如果将 PAC 配置为 NTP 服务器时，将 CPU 的内部时钟用作 NTP 服务的参考时钟，可以去同步客户端设备的时钟。

（七）服务端口配置页

配置服务端口的工作模式：

- 访问：此模式支持服务端口与 Ethernet 设备通信。
- 镜像：在端口镜像模式下，可以将其他端口中的一个或多个端口的通信数据包复制到此端口。将安装有数据包嗅探工具的 PC 连接到此端口，就可以监控和分析端口流量。

注意：在镜像模式下，服务端口的操作方式类似于只读端口，即无法通过服务端口访问设备（ping、与 Control Expert 软件的连接等）。

（八）远程子站适配器 CRA 模块 IP 地址

远程子站适配器 CRA 模块的 IP 地址在 Modicon M580 的处理器（RIO 扫描器）的 IP 配

（置中设置。RIO 扫描器将用作 DHCP 服务器，根据其角色名称，CRA 将从 DHCP 服务器获）

置中设置。RIO 扫描器将用作 DHCP 服务器，根据其角色名称，CRA 将从 DHCP 服务器获得其地址。CRA 的角色名称将是 BMECRA_xxx 或 BMXCRA_xxx，其中 xxx 是模块正面的旋转开关给出的值（001～159）。它必须与 Control Expert 配置内部的值相同。

打开 CRP 的 IP Config（IP 配置）选项界面，如图 2-10 所示。单击"更新 CRA IP 地址配置"，打开 CRA IP 地址配置界面并检查 CRA 的 Device Name（设备名称）。对应该名称，设置相关 CRA 模块正面的旋转开关。

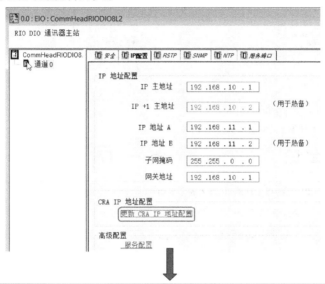

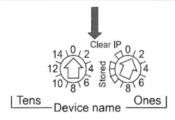

图 2-10　CRA IP 地址配置

上面的示例中显示的装置名称为 BMECRA_001，对旋转开关做出相应的设置，每次更改旋转开关位置后，必须重新上电 CRA。

四、能力训练

（一）操作条件

1. 掌握软件基础知识。

2. 正确安装 Control Expert 编程软件。

（二）安全及注意事项

1. 遵守用电安全基本准则，通电时应注意安全防护，保证人员安全。

2. 按步骤规范操作，保证设备安全。

（三）操作过程

序号	步骤	操作方法及说明	质量标准
1	CPU 参数	在 PLC 总线界面，双击"CPU"，进入 CPU 的配置界面： 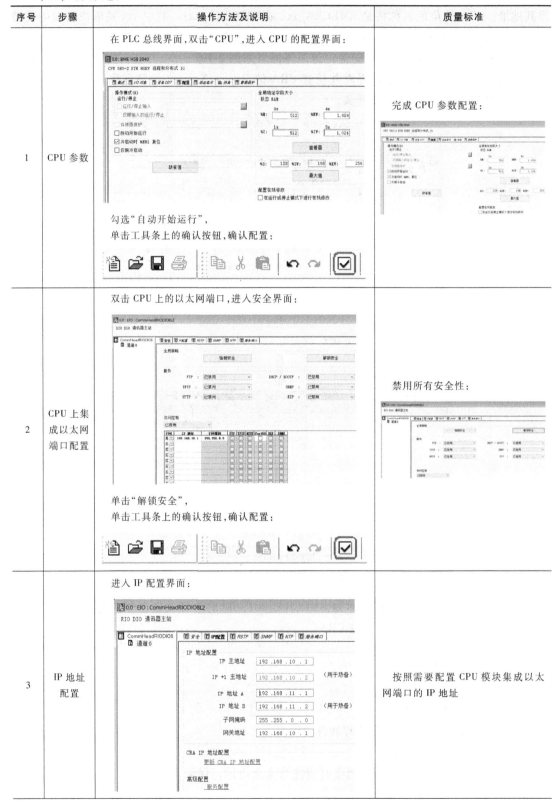 勾选"自动开始运行"， 单击工具条上的确认按钮，确认配置：	完成 CPU 参数配置：
2	CPU 上集成以太网端口配置	双击 CPU 上的以太网端口，进入安全界面： 单击"解锁安全"， 单击工具条上的确认按钮，确认配置：	禁用所有安全性：
3	IP 地址配置	进入 IP 配置界面：	按照需要配置 CPU 模块集成以太网端口的 IP 地址

（续）

序号	步骤	操作方法及说明	质量标准
3	IP 地址配置	配置 IP 主地址：192.168.10.1 IP 地址 A：192.168.11.1 IP 地址 B：192.168.11.2 单击工具条上的确认按钮,确认配置： 	按照需要配置 CPU 模块集成以太网端口的 IP 地址
4	CRA 模块参数设置	将 CRA 模块正面的十位拨码拨到"0",个位拨码拨到"1" 在 EIOBUS 界面,双击 CRA 模块,进入参数配置界面： 如果模块正面拨码位置与设备名称不符,单击"更新 IP/DHCP 配置",打开 IP/DHCP 配置界面： 单击标识符栏右上角的图标,即可修改标识符,前两位数字代表十位拨码开关的位置,后一位代表个位拨码开关的位置（数值范围：001~159）： 如果不想使用 CRA 模块默认的 IP 地址,也可单击 IP 地址栏右上角的图标,激活修改 配置好后,单击工具条上的确认按钮,确认配置： 	配置好远程子站适配器的参数

（续）

序号	步骤	操作方法及说明	质量标准
5	电源模块功耗预算	Control Expert 软件可以针对具体的配置显示功耗预算,当机架上模块配置完成后,右键单击电源模块,在右键菜单中选择"电源和I/O预算",即可查看该电源的消耗情况: 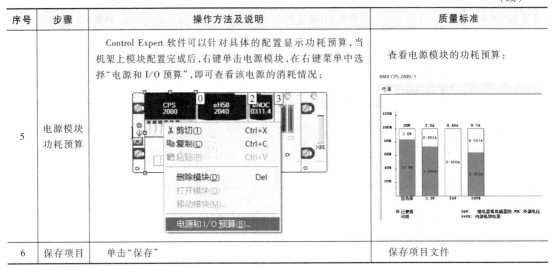	查看电源模块的功耗预算:
6	保存项目	单击"保存"	保存项目文件

问题情境一:

问:现场发现,主站与远程 I/O 站之间不能通信,请问应如何处理?

答:1)检查网络是否连接好;2)CPU 网口安全设置中的 TFTP、EIP、DHCP/BOOTP 服务是否启用,访问控制是否允许 CRA 模块的 IP 地址访问并使用以上端口服务;3)将计算机连接到 CPU 的网口上,用计算机的"PING"指令检测一下 CRA 模块的 IP 地址,看能否 PING 通;如果 PING 不通,应检查 CRA 模块前的拨码位置是否拨到位,是否与软件配置里的数字一致;4)远程 I/O 站重新上电。

问题情境二:

问:假如你查看电源模块的功耗预算时,出现了红色显示,应该如何处理?

答:电源模块的功耗预算显示红色代表所选用的电源模块功率不足,应该选用功率更大的电源模块。

（四）学习成果评价

序号	评价内容	评价标准	评价结果(是/否)
1	CPU 的参数配置	了解各项参数的作用,正确配置 CPU 的参数	
2	以太网端口的参数配置	了解各项参数的作用,正确配置以太网端口的参数	
3	远程子站适配器的 IP 地址	掌握如何让远程子站适配器 CRA 模块获取 IP 地址,并正确配置	
4	电源模块功耗	掌握如何查看电源模块的功耗预算	

五、课后作业

RSTP 全称是什么?它有什么作用?

_____

_____

_____

_____

职业能力 2.2.3 正确设置以太网模块参数

一、核心概念

BMENOC0301/11 以太网通信模块安装在 Modicon M580 系统中的本地机架上。该模块同时支持 Modbus TCP 和 EtherNet/IP 这两种工业以太网协议。

二、学习目标

（一）正确设定以太网模块的 IP 地址

（二）正确设置以太网模块参数

三、基本知识

（一）BMENOC0301/11 模块在 Modicon M580 系统中起着以下重要作用

用　途	描　述
I/O 扫描器	该模块的主要目的是为设备网络或 DIO 网络中的分布式设备提供 EtherNet/IP 和 Modbus TCP 扫描器服务
Modbus TCP 服务器	使用 Ethernet 通信模块访问 Modicon M580 PAC 以获取配置和诊断数据
HTTP 服务器	该模块包括超文本传输协议（HTTP）服务器，通过该服务使用标准因特网浏览器（包括但不限于 Microsoft edge）轻松地访问 Ethernet 通信模块
FactoryCast 服务器	BMENOC0311 模块包括 FactoryCast 服务器。该服务器包括嵌入 Ethernet 通信模块的 HTTP 和 FTP 服务器。使用 FactoryCast 创建基于 Web 的操作面板，并根据采集的数据设计人机界面（HMI）项目以创建和显示 Web 动态显示。FactoryCast 也可让您模拟设备调试应用程序，这意味着您可以验证网页和服务的行为，而无需物理连接到设备或模块。通过该服务器可使用标准因特网浏览器（包括但不限于 Microsoft edge）轻松地访问 Ethernet 通信模块

（二）配置

以太网模块配置如图 2-11 所示。

图 2-11 以太网模块配置

1. 通道属性

字段	参数	说　明
源地址	IP 源地址（PC）	分配给安装在计算机上的网络接口卡的 IP 地址列表
	子网掩码（只读）	与选定源 IP 地址关联的子网掩码
EtherNet/IP 网络检测	开始检测范围地址	用于 EtherNet/IP 设备的自动现场总线扫描地址范围中的第一个 IP 地址
	结束检测范围地址	用于 EtherNet/IP 设备的自动现场总线扫描地址范围中的最后一个 IP 地址
Modbus TCP 网络检测	开始检测范围地址	用于 ModbusTCP 设备的自动现场总线扫描地址范围中的第一个 IP 地址
	结束检测范围地址	用于 ModbusTCP 设备的自动现场总线扫描地址范围中的最后一个 IP 地址

2. 开关

开关属性用于启用或禁用 BMENOC0301/11 Ethernet 通信模块上的 Ethernet 端口，查看和编辑每个端口的波特率，包括传输速度和双工模式。

注意：Ethernet 通信模块仅支持 Ethernet II 帧类型。

3. TCP/IP

TCP/IP 界面上的只读信息监测在 Control Expert 软件中配置的 IP 参数。IP 地址在模块的配置界面中设置。

4. 服务

BMENOC0301/11 Ethernet 通信模块提供了多项 Ethernet 服务。使用 Control Expert DTM 中的服务界面启用和禁用这些服务。

以下 Ethernet 服务由 BMENOC0301/11 Ethernet 通信模块提供：

服　务	说　明	默认
地址服务器	向其他 Ethernet 设备提供 IP 寻址参数和操作参数	启用
SNMP	用作 SNMP v1 代理，向最多两个配置为 SNMP 管理器的设备提供陷阱信息。注意：SNMP 服务默认启用，且无法禁用	启用
RSTP	将 RSTP 与其他类似配置的网络设备一起使用，以管理冗余物理连接并创建连接网络设备的无回路逻辑路径	启用
网络时间服务	为 PAC 控制器提供源时间同步信号，该信号可管理内部时钟以保持此时间	禁用
QoS	将差分服务代码点（DSCP）标记添加到 Ethernet 数据包，以便网络交换机对以太网数据包的传输和转发进行优先级排序。注意：在启用 QoS 标记之前，确认连接到以太网通信模块的设备支持 QoS 标记	启用
服务端口	系统允许通过服务端口连接到控制网络	启用

5. 安全

IPsec 是 Internet 工程任务组（IETF）开发和设计了 Internet 协议安全性（IPsec），作为保护 IP 通信会议隐私和安全的一套开放协议标准。IPsec 身份验证和加密算法要求用户定义的加密密钥来处理 IPsec 会话中的通信数据包。关于 IPsec 的更多信息，请参阅因特网工程任务组网站（www.IETF.org）。

BMENOC0301/11 以太网模块作为 server 端支持 IPsec 与计算机连接。

注意：IPsec 启用时，BMENOC0301/11 Ethernet 通信模块不支持客户端发起的通信。因此，在这种情况下，BMENOC0301/11 模块之间的对等通信无法实现。

可用的安全服务：

服　务	说　明
FTP	启用或禁用（默认）以下各项:固件升级、使用 FDR 服务的设备配置管理 注意:本地数据存储保持正常运行,但禁用远程访问数据存储
TFTP	启用或禁用（默认）使用 FDR 服务读取模块配置文件的功能
HTTP	启用或禁用（默认）Web 访问服务
访问控制	启用（默认）:拒绝 Ethernet 通过未经授权的网络设备访问 Modbus TCP 和 EtherNet/IP 服务器
	禁用:网络设备可以自由地访问 Modbus TCP 和 EtherNet/IP 服务器
IPsec	启用或禁用（默认）安全通信,以使对应于 BMENOC0301/11 模块的 IP 地址与使用 IPsec 的另一个 IP 地址之间进行通信
预共享密钥	此字段与 IPsec 相关,默认为空。如果启用 IPsec,则输入 16 个字符。请选择难以猜测的值(大小写字母、数字和特殊字符的组合)
启用 DH 2048	选中此框启用和生成 2048 位 Diffie-Hellman 参数 注意: ● 选择启用保密时,不能禁用各 Ethernet 服务。(在这种情况下,加密有助于保护这些服务) ● IPsec 启用时,此复选框禁用
启用保密	选中此框启用和加密所有 Ethernet 服务 注意:IPsec 启用时,此复选框禁用
SNMP	启用或禁用（默认）用于监控网络附加设备的协议
EIP	启用或禁用（默认）访问 EtherNet/IP 服务器以及其电子数据表(EDS),后者对每个网络设备及其功能进行分类

6. 设备列表

设备列表包含概述以下各项的只读属性：

● 配置数据：
  ● 输入数据映像；
  ● 输出数据映像；
  ● 设备、连接和数据包的最大数量和实际数量。
● Modbus TCP 请求和 EtherNet/IP 连接摘要。

7. 记录

Control Expert 软件为以下组件保存事件日志：

● Control Expert 嵌入式 FDT 容器；
● 每个 Ethernet 通信模块 DTM；
● 各个 EtherNet/IP 远程设备 DTM。

与 Control Expert FDT 容器相关的事件显示在输出窗口的 FDT 日志事件中。

与通信模块或远程 EtherNet/IP 设备相关的事件在下列模式下显示：

● 配置模式：在设备编辑器中，选择左窗格中的日志节点；
● 诊断模式：在诊断窗口中，选择左窗格中的日志节点。

四、能力训练

(一)操作条件

1. 掌握以太网基础知识。

2. 正确安装 Control Expert 编程软件。

(二)安全及注意事项

1. 遵守用电安全基本准则,通电时应注意安全防护,保证人员安全。

2. 按步骤规范操作,保证设备安全。

(三)操作过程

序号	步骤	操作方法及说明	质量标准
1	IP 地址设定	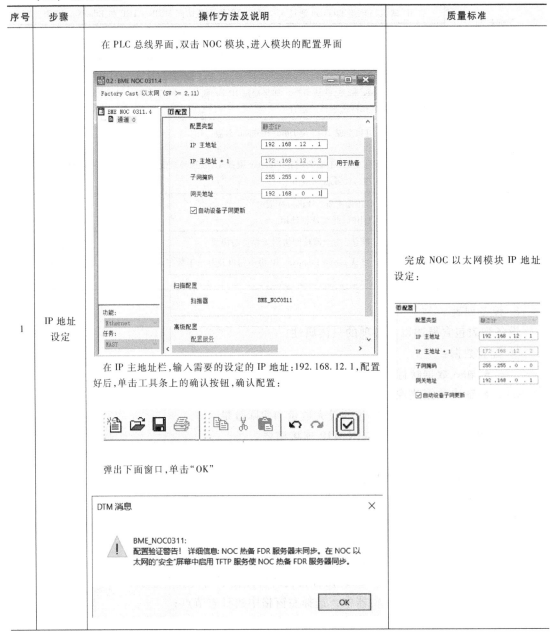 在 PLC 总线界面,双击 NOC 模块,进入模块的配置界面 在 IP 主地址栏,输入需要的设定的 IP 地址:192.168.12.1,配置好后,单击工具条上的确认按钮,确认配置: 弹出下面窗口,单击"OK"	完成 NOC 以太网模块 IP 地址设定:

（续）

序号	步骤	操作方法及说明	质量标准
2	网络安全配置	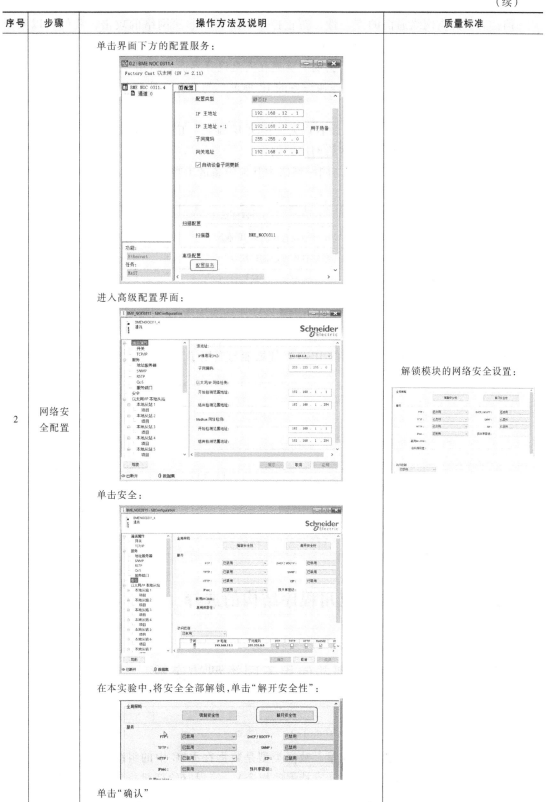	解锁模块的网络安全设置：

问题情境一：

问：为了提高网络通信的安全性，防止控制系统受到非法网络的攻击，我们可以限制NOC以太网模块只和某些指定IP地址的设备连通吗？

答：可以。通过"访问控制"实现。首先在安全设置界面，启用"访问控制"，子网选择"否"，IP地址栏逐行填入允许连通设备的IP地址，勾选允许该设备访问服务的端口。

问题情境二：

问：请问在实际项目实施时，设置以太网模块IP地址，应注意什么？

答：1. 现场项目设计对不同网络网段的划分；

2. 设备IP地址的唯一性，不与同一网络中其他设备的IP地址冲突。

（四）学习成果评价

序号	评价内容	评价标准	评价结果（是/否）
1	IP地址设置	正确地设置模块的IP地址	
2	以太网参数	了解各项参数的作用	
3	以太网端口的参数配置	正确地配置以太网端口的参数	

五、课后作业

请查阅资料，如何配置计算机的IPsec，使之能与启用了IPsec的设备实现安全通信？

_____
_____
_____
_____
_____
_____
_____
_____

工作任务2.3 变量与应用程序结构的选择

职业能力2.3.1 正确识别并使用不同类型的变量

一、核心概念

PAC项目编程离不开数据和变量，数据类型是数据在PAC中的组织形式，它包含了数据的长度及数据所支持的操作方式（支持哪些指令）。编程时给变量指定数据类型后，编译器会给该变量分配一定长度的内存并明确该变量的操作方式。透彻的理解数据类型是程序设计的基本要求。

二、学习目标

（一）认识各种数据类型及其实现方式
（二）正确创建和使用变量

三、基本知识

（一）数据类型

在 Control Expert 软件中，数据类型分为以下类别，如图 2-12 所示。

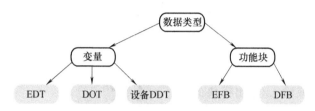

图 2-12 数据类型

定义变量时，必须定义变量对应的数据类型。数据类型可以选择 Control Expert 软件中集成的基本数据类型（EDT），也可以根据需要自己定义导出数据类型（DDT）。

1. 常见的基本数据类型（EDT）

BOOL、EBOOL、BYTE、WORD、DWORD、INT、DINT、UINT、UDINT、REAL、STRING、TIME、DATE、TOD、DT 等。

注意：默认时，变量名称必须为英文字母开头。如果要使用中文变量名，必须单击"工具"→"项目设置"菜单，设置变量参数下的字符集为 Unicode 即可，如果名称需要以数字打头，则勾选"允许以数字开头的变量"之后，单击"确定"按钮即可，如图 2-13 所示。

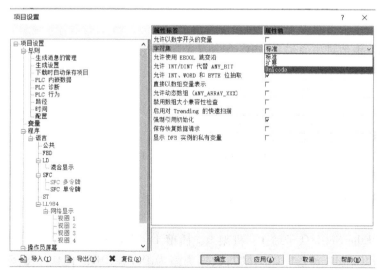

图 2-13 变量字符集

2. 自定义导出数据类型（DDT）：

分为数组（Array）和结构（Struct）两种形式，最多可实现 8 层嵌套。

选择"DDT 类型"，定义自定义数据类型名称，选择数据类型为结构或数组，并定义类型下的元素即可。

数组是包含一组类型相同的数据的数据项，如一组 BOOL，或者一组 INT 等。结构是包含一组不同类型的数据的数据项。如图 2-14 所示。

3. 设备导出数据类型（Device DDT）

Device DDT 是由制造商根据设备的特性预定义的 DDT，用户不可进行修改。这种数据类型以一种取决于模块功能的结构表示。它包含模块的语言元素。DDT 类型的大小（所包含的元素数）取决于其所表示的通道或输入/输出模块的结构。在默认情况下，隐式 Device DDT 实例在设备插入时创建并由 PAC 自动刷新。它们包含模块状态、模块和通道运行状况位、模块输入值、模块输出值等。

图 2-14 DDT 类型定义

默认的变量名命名规则是基于拓扑命名：BBBx_dx_rx_sx_PPPPPP_SSS

4. BBBx：总线名称和总线编号

BBB＝总线名称，通过 Control Expert 项目浏览器中显示的总线名称的 3 个首字符表示。

x＝总线编号

5. dx：子站编号

d＝d

x＝子站编号。虚拟子站的编号为 0。

6. rx：机架号

r＝r

x＝机架号。虚拟机架的编号为 0，对于 CANopen 设备为可选。

7. sx：插槽号

s＝s

x＝插槽编号。对于 CANopen 设备为可选。

8. PPPPPP：设备部件型号

部件型号在 Control Expert 中的设备示意图上显示时没有空格。

9. SSS：设备 DDT 链接到子集时为子集名称

这些字符为可选字符。注意：如果名称重复，在字符串的最后添加_rrrrr（rrrrr 为随机字符系列）。

例如：X80EtherNet I/O 子站 1、机架 0、插槽 1，位于 EIOBUS 2 上的 BMXDDI1602 模块，变量名为 EIO2_d1_r0_s1_DDI1602，数据类型为 Device DDT：T_U_DIS_STD_IN_16，如图 2-15 所示。

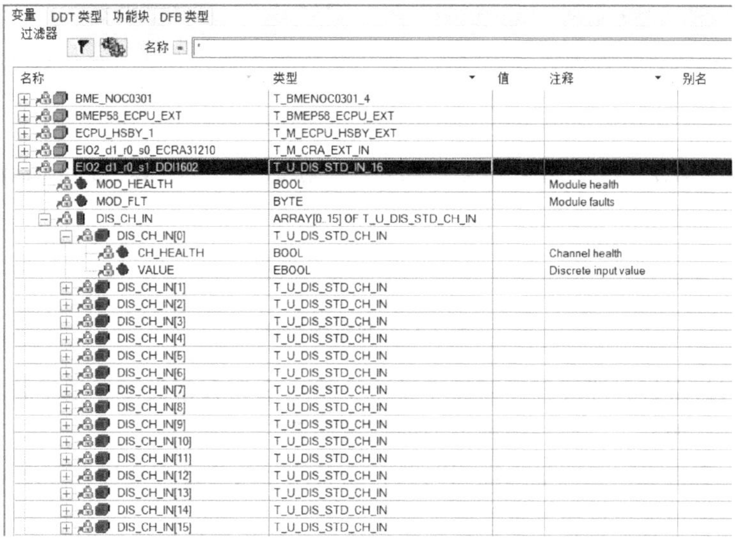

图 2-15　Device DDT 类型示例

Device DDT 包含的变量名用户不能更改，我们可以通过定义"别名"的方式来定义我们所需要的对应变量名，如图 2-16 所示。

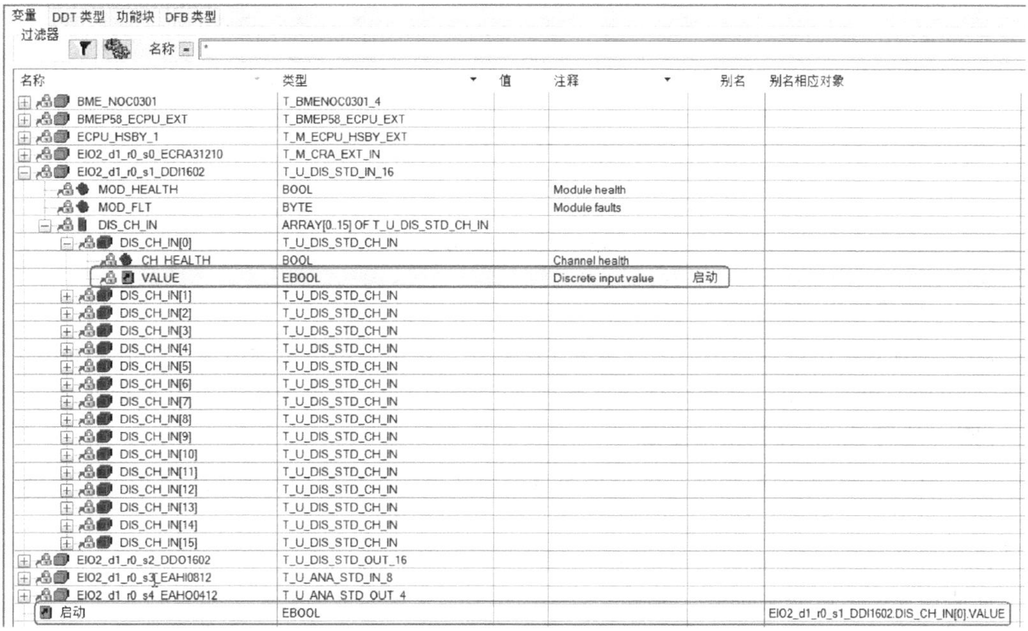

图 2-16　Device DDT 别名定义

（二）变量设置

变量是在程序执行时可以修改的内存区域。在应用程序开发过程中，可以采用直接寻址进行编程，也可以调用变量进行编程。

在项目浏览器中，"变量和 FB 实例"目录下双击鼠标左键，即可打开变量数据编辑器窗口，如图 2-17 所示。

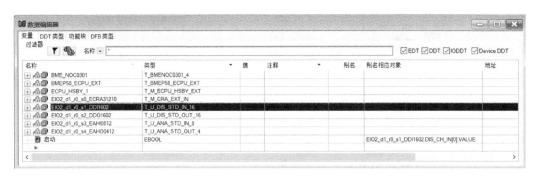

图 2-17　数据编辑器

双击名称列的空行，即可创建新的变量名，然后选择数据类型，地址栏根据需要填写，Control Expert 软件编程可以使用两种类型的变量如下：

定位变量：变量名称和变量地址相关联，主要用于用户已知变量存储地址的应用，这类变量的定义需要在地址栏填写变量实际地址。

非定位变量：既不与 I/O 硬件模块输入输出通道相关联，也不与 CPU 内存引用地址相关联的变量，即没有地址关联的变量成为非定位变量。非定位变量在内存中的位置由系统自动分配，用户不可知。这种变量定义类型可以使您在编写程序时抛开地址的束缚，完全专注于您的应用。变量设置如图 2-18 所示。

图 2-18　变量设置

（三）变量导出/导入

在项目浏览器环境下，选中"变量和 FB 实例"目录，单击鼠标右键，在弹出的窗口中选择"导入"和"导出"菜单，即可实现所有变量的导入/导出操作，如图 2-19 所示。

（四）使用 Excel 工具编辑变量

当需要大批量编辑变量时，可以借助 Excel、Control Expert 软件包中给我们提供的 1 个变量管理工具 Unity Variables Management. xlsm，该工具使用 Excel 功能来创建、编辑、排序或筛选应用程序变量，生成一个可以导入到 Control Expert 应用程序的 XML 文件。单击计算机的开始菜单→Ecostruxture Control Expert→Extras，Excel 导入导出工具如图 2-20 所示。

打开"Excel Import Export Tool"文件夹，里面即是该管理工具 Unity Variables Management. xlsm。

图 2-19　变量导出/导入

图 2-20　Excel 导入导出工具

四、能力训练

（一）操作条件

1. 掌握数据类型基础知识。

2. 正确安装 Control Expert 编程软件。

（二）安全及注意事项

1. 遵守用电安全基本准则，通电时应注意安全防护，保证人员安全。

2. 按步骤规范操作，保证设备安全。

（三）操作过程

序号	步骤	操作方法及说明	质量标准
1	DI 变量	给 DI 模块通道设置两个变量别名：Start、Stop 单击"Yes"按钮	DI 变量创建完成

（续）

序号	步骤	操作方法及说明	质量标准
2	DO 变量	给 DO 模块通道设置 3 个变量别名：Lamp_A、Lamp_B、Lamp_C （图：EIO2_d1_r0_s2_DDO1602 变量树，包含 MOD_HEALTH(BOOL)、MOD_FLT(BYTE)、DIS_CH_OUT(ARRAY)、DIS_CH_OUT[0]、CH_HEALTH(BOOL)、VALUE(EBOOL) Lamp_A） Control Expert ? 别名不存在。 要创建一个吗？ [Yes] [No] 单击"Yes"按钮	DO 变量创建完成
3	中间变量	创建 1 个数据类型为整型的中间变量 INT01，存放在 %MW0 寄存器中 （图：变量编辑器，名称 INT01，类型 INT，地址 %MW0）	变量创建完成

问题情境一：

问：请问实际项目使用了 1 万多个变量，使用 Control Expert 的变量编辑器编辑效率太低，能否使用 Excel 来编辑？

答：可以。Control Expert 软件包中给我们提供了一个变量管理工具 Unity Variables Management. xlsm，该工具使用 Excel 功能来创建、编辑、排序或筛选应用程序变量，生成一个可以导入 Control Expert 应用程序的 XML 文件。

问题情境二：

问：请问我在建立一个变量名为"启动"的变量时，软件报错"E1240 禁止使用 Unicode 字符"是怎么回事？

答：在 Control Expert 软件中，变量名称默认开头必须为英文字母。如果使用中文变量名，则必须单击"工具"→"项目设置"菜单，设置变量参数下的字符集为 Unicode，就可以建立中文变量名的变量了。

（四）学习成果评价

序号	评价内容	评价标准	评价结果（是/否）
1	数据类型	了解 EDT、DDT、Device DDT 数据类型的功能	
2	变量设置	正确设置变量	

五、课后作业

使用变量管理工具，借助 Excel 来修改 DI 模块通道值变量的别名为 Start_Lamp、Stop_Lamp。

职业能力 2.3.2　了解并正确使用合适的应用程序结构

一、核心概念

Modicon M580 处理器可以执行单任务和多任务应用程序。单任务应用程序仅执行主任务，多任务应用程序可以定义不同优先级别的任务执行。

二、学习目标

（一）了解不同的任务类型及处理的优先级
（二）掌握如何修改程序的扫描周期

三、基本知识

（一）任务分类

在 BME P58 … 单机处理器中，任务执行方式可分为主任务（MAST）、快速任务（FAST）、辅助任务（AUX）和事件任务（EVT）4 种方式。

主任务（MAST）是应用程序的主要任务，它是必要的，是整个应用程序的基础，由主程序代码段和子程序组成。主程序的每一个代码段都可用 5 种标准 IEC61131-3 语言：LD（梯形图）、FBD（功能块图）、IL（指令表）、ST（结构化文本）或 SFC（顺序流程图）进行编写。子程序可用 LD、FBD、IL、ST 来编写，在主程序代码段中进行调用。您可以选择主任务的执行类型：循环执行（默认）或者周期性执行（1~255ms）。

快速任务（FAST）用于执行时间较短的、需要频繁地处理任务。它由主程序代码段和子程序组成。主程序代码段和子程序都可用 LD、FBD、IL、ST 来编写。SFC 不适用于快速任务。快速任务是周期性（1~255ms）执行的，它的优先级别比主任务高，快速任务的程序执行时间必须尽可能的短，以避免低优先级别的任务发生溢出。

事件任务（EVT）的优先级别最高，高于其他任何任务，适用于需要极短时间响应事件的处理任务，这些事件来自专用输入/输出模块或事件计时器。事件处理任务是单代码段的，它只含有一个代码段，可以用 LD、FBD、IL、ST 来编写。

辅助任务（AUX）用于执行应用程序中优先级较低的部分。只有在主任务和快速任务均不处于执行状态时，辅助任务才会执行。Modicon M580 可以编写最多两个辅助任务程序（AUX0 和 AUX1），执行方式只能选择周期方式（100~5000ms）。

所有的 I/O 都与以上 MAST，FAST，AUX0，AUX1 任务的任意一种相关联，与模块的位置无关（本地或远程）。I/O 事件任务仅对本地 I/O 适用。

注意：实验台上的 CPU 模块为热备冗余处理器 BMEH582040，只支持主任务（MAST）和快速任务（FAST）。

（二）任务优先级

上述 4 种任务执行方式的优先级、先后次序分别为：I/O 事件、定时器事件、快速任务、主任务和辅助任务。

（三）添加任务

默认时，Control Expert 软件只支持主任务和 I/O、定时器事件两种任务，如需支持快速任务，选中项目浏览器下的程序目录下的任务，单击鼠标右键，在弹出菜单中选择"新建任务…"，在弹出窗口中设置任务名称为"FAST"即可，如图 2-21 所示。

图 2-21　新建任务

（四）任务属性的修改

选择任务方式，单击鼠标右键，在右键菜单中选择"属性"，即可实现对任务参数的修改。例如：主任务扫描周期修改如图 2-22 所示。

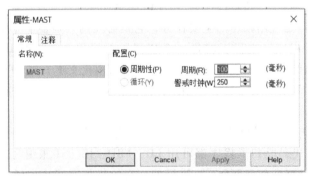

图 2-22　主任务扫描周期修改

（五）程序单元

程序单元是自主编程实体，一个单元包括公共和局部变量、程序段和动态数据表，程序单元隶属于任务。任务下的程序单元和程序段按照其在项目浏览器结构视图中的排列顺序执行。

（六）程序段和子程序

程序段是自主编程实体，每个程序段可以使用不同的编程语言来编写，主任务下的程序段支持 5 种 IEC61131-3 标准的编程语言：梯形图（LD）、结构化文本（ST）、功能块图（FBD）、指令表（IL）、顺序流程图（SFC）。多个程序段按其在任务下的排列顺序执行。可以为一个或多个段设置执行条件。

子程序在被主程序或其他子程序调用后执行，子程序编写可以使用的编程语言有：梯形图（LD）、结构化文本（ST）、功能块图（FBD）、指令表（IL）。

四、能力训练

（一）操作条件

1. 掌握应用程序结构的基础知识。

2. 正确安装 Control Expert 编程软件。

（二）安全及注意事项

1. 遵守用电安全基本准则，通电时应注意安全防护，保证人员安全。

2. 按步骤规范操作，保证设备安全。

（三）操作过程

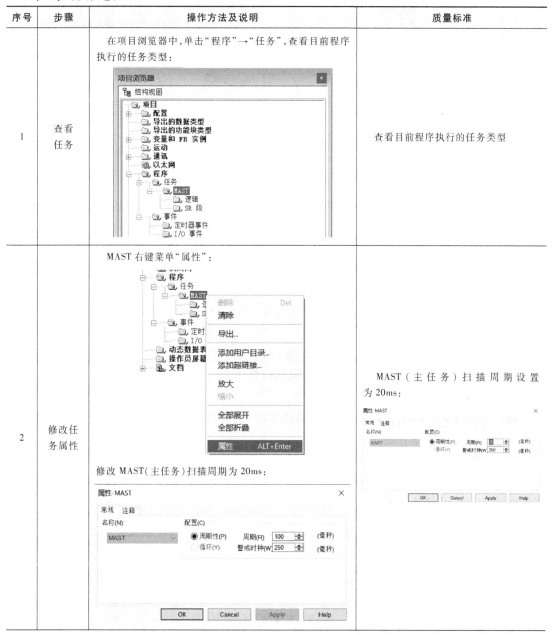

序号	步骤	操作方法及说明	质量标准
1	查看任务	在项目浏览器中，单击"程序"→"任务"，查看目前程序执行的任务类型：	查看目前程序执行的任务类型
2	修改任务属性	MAST 右键菜单"属性"： 修改 MAST（主任务）扫描周期为 20ms：	MAST（主任务）扫描周期设置为 20ms：

（续）

序号	步骤	操作方法及说明	质量标准
3	创建程序段	新建程序段，"逻辑"右键菜单"新建段"： 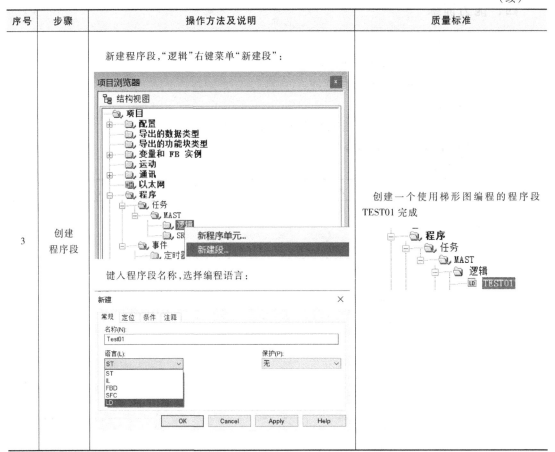 键入程序段名称，选择编程语言：	创建一个使用梯形图编程的程序段TEST01完成

问题情境一：

问：有一个项目程序的正常扫描时间大约为30ms，应用中有个检测任务需要5ms去做一次，应该如何实现？

答：可以通过添加FAST（快速任务）实现，FAST的执行优先级高于MAST（主任务）。将这段检测程序编写在FAST中，FAST的周期设置为5ms即可实现。

问题情境二：

问：在设置FAST的扫描周期时，是否越快越好？例如上个问题中，实际5ms就可以满足需求，设置为1ms是否更好？

答：不是。因为FAST（快速任务）的任务优先级比MAST（主任务）高，如果FAST的周期设置得过短，会影响到MAST（主任务）的处理周期，所以FAST的扫描周期能满足需求就好，不必设置得过快。

（四）学习成果评价

序号	评价内容	评价标准	评价结果（是/否）
1	应用程序结构	了解应用程序结构的特性和使用	
2	任务属性	掌握如何修改任务扫描周期	
3	程序段	掌握如何创建程序段及选择编程语言	

五、课后作业

请绘制出 PLC 循环扫描的工作流程图。

工作任务 2.4　程序编写与功能块的调用

职业能力 2.4.1　正确编写程序逻辑

一、核心概念

Control Expert 编程软件支持 5 种 IEC61131-3 标准的编程语言：梯形图（LD）、结构化文本（ST）、功能块图（FBD）、指令表（IL）、顺序流程图（SFC）。

二、学习目标

（一）了解不同编程语言的特性和使用

（二）正确编写程序逻辑

三、基本知识

（一）软件选项

Control Expert 软件在"工具"菜单下提供 3 类选项：

1. 项目设置：专用于生成的项目以及在 PLC 上的执行，例如：梯形图编辑器线圈向右对齐、字符集的类型等。

2. 选项：专用于工作站，例如：显示错误的方式等。

3. 自定义：用于自定义工作栏内容等。

在编程之前，可以根据需要设置这些特性。

（二）调用功能块（FFB）

FFB 是基本功能（EF）、基本功能块（EFB）、用户自定义功能块（DFB）的总称。FFB可以通过 3 种方式调用：

- 通过"FFB 输入助手"菜单命令（推荐）

—使用"编辑"→"FFB 输入助手"菜单命令；

—或从快捷菜单中单击 命令。

- 通过"数据选择"菜单命令

—使用"编辑"→"数据选择"菜单命令；

—或从快捷菜单中单击 命令。

- 通过"类型库浏览器"中的拖放功能

—使用"工具"→"类型库浏览器"菜单命令；

—或从快捷菜单中单击 命令。

1. 通过"FFB 输入助手"调用 FFB（推荐）

第一步，打开 FFB 输入助手窗口后，可以在"FFB 类型"文本框中直接输入 FFB 类型，也可以通过下拉菜单从最近使用的名称列表中选择 FFB 类型，或者单击 按钮，进入 FFB类型选择窗口选择，如图 2-23 所示。

图 2-23　FFB 类型库

第二步，在库/系列栏中选择含有所需功能块的库。如果不知道要寻找的 FFB 属于哪一个库，请选择<Libset>项，查看所有可用 FFB 的列表。然后，从名称栏选择需要的功能块，单击"确定"选择，该窗口关闭，FFB 输入助手激活如图 2-24 所示。

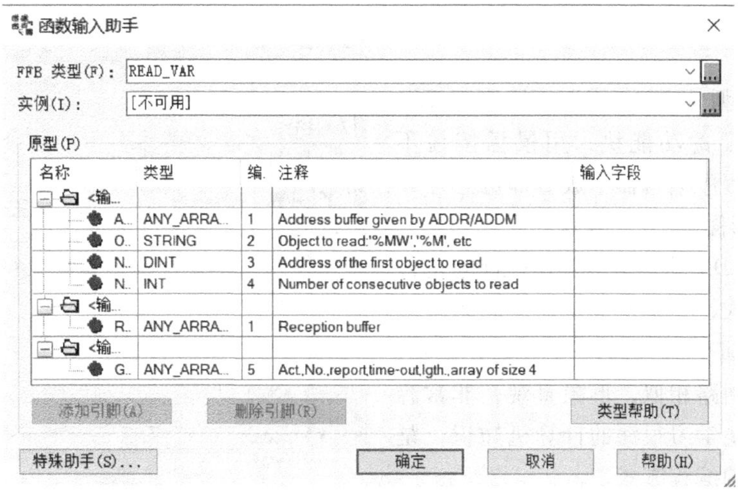

图 2-24　FFB 输入助手激活

第三步，可以在"实例"文本框修改默认的功能块实例名称。如果不熟悉该功能块的使用，可以单击"类型帮助"，打开该功能块的在线帮助。对于一些复杂的功能块，系统还提供"特殊助手"选项，引导使用者的使用。

第四步，给功能块的形参分配实参，可以在输入助手窗口双击形参后的"输入字段"单元，然后输入相关参数，也可以将功能块放置到程序中后再选择引脚自行填写实参。

2. 通过"数据选择"调用 FFB

打开"数据选择"窗口后，选择 FFB 类型的方法同上。如果之前在"工具"＞"选项"对话框的"数据和语言"选项卡中的"语言"条项，勾选了"自动将变量分配给新的图形对象"的复选框，则当放置一个 FFB 时，将自动打开对应的输入助手。如果没有勾选该复选框，则不会打开输入助手。FFB 选择如图 2-25 所示。

图 2-25　FFB 选择

3. 通过"类型库浏览器"中的拖放功能调用 FFB

打开"类型库浏览器"（见图 2-26）后，选择所需要的功能块，用鼠标按住不动，直接拖到程序编辑器中放置即可。

（三）梯形图（LD）编程

梯形图（LD）是一种最典型的也是最基本的编程方式，它是从继电器控制系统原理图的基础上演变而来的，采用图形符号，结构与继电器回路相似，形象直观，非常容易接受，不需要学习很深的计算机知识，是一种最为广泛的编程方式。

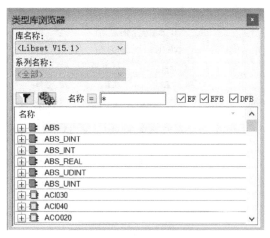

图 2-26　类型库浏览器

1. 如何使用 LD 编程

梯形图由多个不同的梯级组成，每一个梯级又由输入输出指令组成。在一个梯级中，输出指令应出现在梯级的最右边，而输入指令则出现在输出指令的左边。

梯形图编程是面向单元格的，一个 LD 段包括单页窗口，在页中以行和列显示，最多可以定义 64 列（默认为 11 列），2000 行。

在使用 LD 编辑器编程时，选择编程对象有 3 种方法：

- 使用工具条

LD 工具条如图 2-27 所示。

图 2-27　LD 工具条

- 将光标放在编辑器中任何空的位置，LD 右键菜单选择对象如图 2-28 所示。
- 单击菜单"对象"，将鼠标放置在工具条的各个对象按钮上，即可显示该对象的名称。

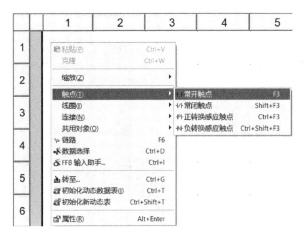

图 2-28　LD 右键菜单选择对象

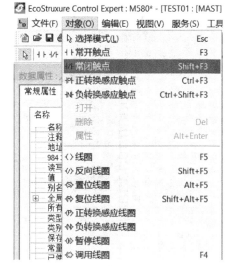

图 2-29　使用菜单选择编程对象

在 LD 编辑器中，除了 IEC61131-3 定义的对象，还有两个功能块［操作块（见图 2-30）、比较块（见图 2-31）］用于执行 ST 指令及 ST 功能块以及用于简单的比较操作。

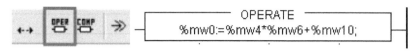

图 2-30　操作块

操作块只在 LD 编程时使用，用于执行 ST 指令。当左边连接状态为 1 时，执行块中的 ST 指令。对于操作块，左边的连接状态直接传到右边连接，不考虑 ST 指令的结果。操作块可以放置在任何单元，占用 1 行和 4 列。

图 2-31　比较块

比较块也只是用于 LD 编程，用于执行 ST 编程语言中的比较表达式（<，>，>=，<=，<>，=）。如果左边的连接状态为 1，比较的结果也为 1，则右边的状态也为 1。比较块可以放置在除直接连右边母线的任一单元中，占用 1 行和 2 列。

在编辑程序后，可以通过菜单命令"生成"→"项目分析"来检查当前项目是否有错误，如果有错误，请根据输出窗口中的提示做出相应的修改。

2. 应用实例

我们用 LD 编程语言来编一段程序控制小区地下停车场。

停车场控制系统如图 2-32 所示，当停车场内车辆少于 100 辆，指示灯绿灯亮，如果有车入口栏杆抬起，车进入停车场后，入口杆落下。出车时，出口栏杆抬起，车从停车场右侧出，出车后 10s 栏杆落下。停车场内最多能停 100 辆车，达到 100 辆车时，指示灯红灯亮，入口栏杆不会再抬起。遇到紧急情况启动 S0 开关，栏杆落下。传感器失灵，启动手动开关 ST 栏杆抬起。

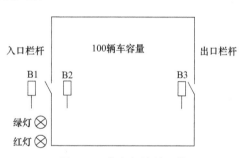

图 2-32　停车场控制系统

输入/输出类型	开关触点类型	符号说明	工作原理
输入	NO	传感器 B1	检测入口是否有车
输入	NO	传感器 B2	检测车是否已进入
输入	NO	传感器 B2	检测出口是否有车
输入	NC	紧急停止 S0	紧急事故处理
输入	NO	手动开关 ST1	手动控制入口栏杆抬起
输入	NO	手动开关 ST2	手动控制出口栏杆抬起
输出	NO	电磁阀 Y1	控制入口栏杆抬起
输出	NO	电磁阀 Y2	控制出口栏杆抬起
输出	NO	指示灯	绿灯
输出	NO	指示灯	红灯

LD 编辑入口栏杆控制程序如图 2-33 所示。

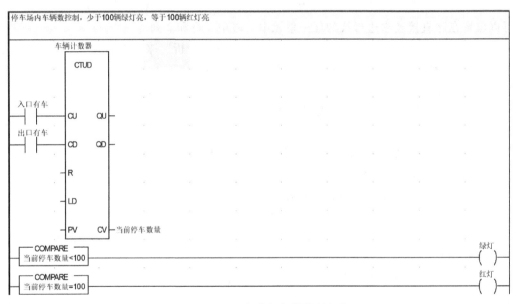

图 2-33　LD 编辑入口栏杆控制程序

LD 编辑车辆数量控制程序如图 2-34 所示。

图 2-34　LD 编辑车辆数量控制程序

LD 编辑出口栏杆控制程序如图 2-35 所示。

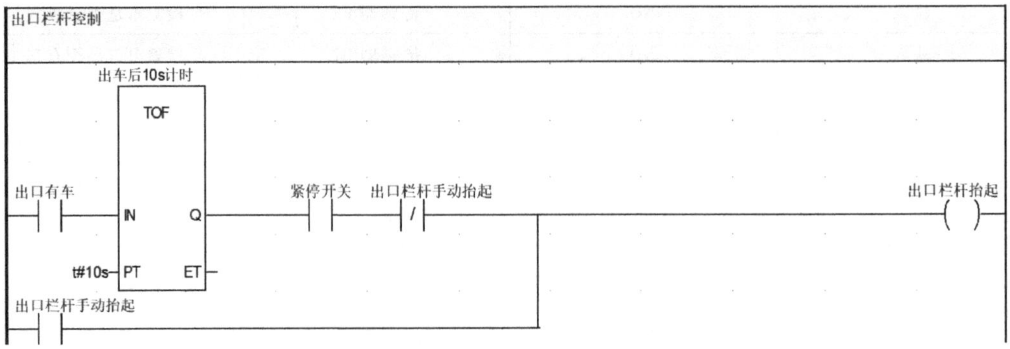

图 2-35　LD 编辑出口栏杆控制程序

（四）结构化文本（ST）编程

结构化文本（Structured Text）编程类似于计算机语言编程，利用它可以很方便地建立、编辑和实现复杂的算法，特别在数据处理、计算存储、决策判断、优化算法等涉及描述多种数据类型的变量应用中非常有效。

1. 如何使用 ST 编程

ST 程序是由一组语句列表组成，这些语句将由控制器按顺序执行。通过这些语句，可以在一个代码段中有条件或无条件地调用功能块、功能，进行赋值，执行重复语句和在同一个代码段中执行条件跳转或无条件跳转指令。

ST 程序语句由操作符、操作数、表达式（可选）、注释（可选）构成。每条语句已分号结尾，多条语句（以分号分隔）可以放置在同一行，每行限制为 300 个字符，1 条语句可以断行（多行放置），语句输入后，将立即执行一次语法和语义检查，检查结果将以彩色文本显示。

在使用 ST 语言编程时，对于已声明的变量，可以在目标位置直接输入变量名称，也可以通过数据选择输入变量，如图 2-36 所示。通过数据选择输入变量的方法是：单击菜单命令"编辑"→"数据选择"或者右键单击菜单"数据选择"，打开数据选择对话框。

图 2-36　ST 编辑器数据选择

然后，可以从最近使用的名称列表中选择变量名称，也可以使用"按钮" ▪▪▪ 打开一个变量选择对话框选择变量。对于未声明的变量，将光标置于目标位置，输入变量名称，经过系统自动地检查后，系统使用红色波浪线标记变量名称，标识其为未声明变量，然后再单击右键创建变量，也可以到数据编辑器中去声明变量，声明后，变量名称下的红色波浪线消失。

在 ST 语言编辑器中，ST 专用工具条（见图 2-37）提供了一些常用指令的快捷插入键，将鼠标放置在工具条的各个对象按钮上，即可显示该对象的名称。

图 2-37　ST 专用工具条

各指令详情请查阅软件在线帮助，在此不一一详述。

2. 应用实例

我们用 ST 语言来编写上节所述的停车场控制系统。ST 编程实例如图 2-38 所示。

（五）功能块图语言（FBD）编程

FBD（Function Block Diagram，功能块图语言）编程采用类似于数字逻辑门电路的图形符号，逻辑直观，使用方便。FBD 编辑器用于编写符合 IEC61131-3 标准的图形化功能块程序。一个 FBD 代码段含有一个单界面窗口。该界面有网格背景，1 个网格有 10 个网格单位坐标点，网格单位是两个对象之间的最小间隔。FBD 编程语言不是面向单元格的，但对象可以通过网格单位来对齐。一个 FBD 代码段有 360 个水平坐标点，240 个垂直坐标点。

```
(* 入口栏杆控制 *)

IF re (入口有车) and 绿灯 and not 入口栏杆手动抬起 THEN set (入口栏杆自动抬起);
END_IF;

IF 车已进入 or not 紧停开关 THEN reset (入口栏杆自动抬起);
END_IF;

入口栏杆抬起:=(入口栏杆自动抬起 or 入口栏杆手动抬起);

(* 停车场车辆数量控制,少于100辆时绿灯亮,达到100辆红灯亮 *)

车辆计数器 (CU := 车已进入,
 CD := 出口有车,
 CV => 当前停车数量);

绿灯 := LT_INT (IN1 := 当前停车数量,
 IN2 := 100);

红灯 := EQ_INT (IN1 := 当前停车数量,
 IN2 := 100);

(* 出口栏杆控制 *)

出车后10s计时器 (IN := 出口有车,
 PT := t#10s,
 Q => 10s时间到);
 IF (10s时间到 and 紧停开关 and not 出口栏杆手动抬起) or 出口栏杆手动抬起 THEN 出口栏杆抬起:=1;
ELSE 出口栏杆抬起:=0;
END_IF;
```

图 2-38   ST 编程实例

1. 如何使用 FBD 编程

在 FBD 编辑器中,程序由 FFB 组成,调用功能块的方法参见基本知识(二)"如何调用 FFB"。如果需要扩展功能块的针脚,只需用鼠标按住功能块底部的黑点,向下拖拽即可,如图 2-39 所示,增加"逻辑与"块的输入针脚,最多可以增加到 32 个输入针脚。

FFB 的执行顺序由其在代码段中的位置决定(从左到右、从上到下执行),如果 FFB 以图形方式连接而不是实参,则执行顺序由信号流决定,FFB 的执行顺序编号显示在功能块结构的右上角。在 FFB 的图形网络中,只有当 FFB 的输入所连接的所有元素(其他 FFB 输出等)都处理完毕后,才执行该 FFB;与同一 FFB 的不同输出连接的 FFB 的执行顺序为从上到下执行;FFB 的执行顺序与其在图形网络中的位置无关。

若更改 FFB 的执行顺序,可以采用链路图形化连接来代替实参;也可以改变图形网络位置或者在属性对话框中修改其执行顺序,如图 2-40 所示,可设置该功能块在其他某个功能块执行后立即执行。

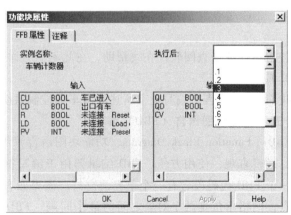

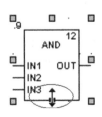

图 2-39   增加功能块的针脚   图 2-40   改变 FFB 的执行顺序

如需了解更多的详细信息，请查阅软件的在线帮助。

2. 应用实例

我们用 FBD 语言来编写上面所述的停车场控制系统，FBD 编辑停车场控制程序如图 2-41 所示。

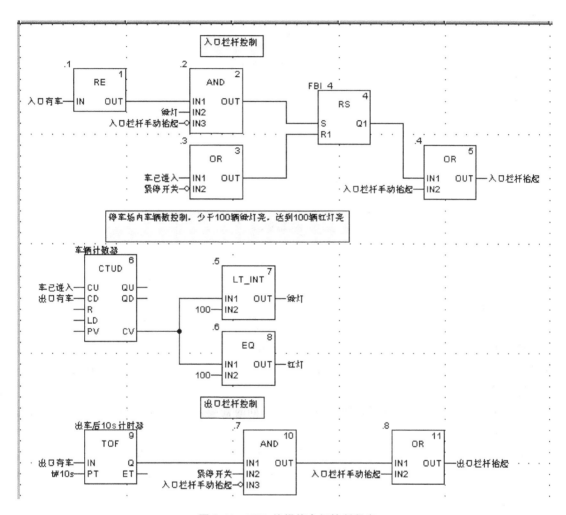

图 2-41　FBD 编辑停车场控制程序

四、能力训练

（一）操作条件

1. 掌握 IEC61131-3 编程语言知识。

2. 正确安装 Control Expert 编程软件。

（二）安全及注意事项

1. 遵守用电安全基本准则，通电时应注意安全防护，保证人员安全。

2. 按步骤规范操作，保证设备安全。

（三）操作过程

序号	步骤	操作方法及说明	质量标准
1	控制要求	当按下启动按钮后，A、B、C三个灯循环依次点亮，间隔时间为1s	读懂控制要求
2	编写控制程序	根据上面的控制要求，用梯形图编写一段控制逻辑程序 提示：时间功能块 TON：通电延时；TOF：断电延时；TP：脉冲	完成梯形图编程
3	编译	菜单"生成"→"项目分析"： 生成(B) PLC(P) 调试(D) 窗口(W) 帮助 分析(N)　　　　　　Ctrl+Shift+B 项目分析(A) 生成更改(B)　　　　Ctrl+B 重新生成所有项目(R) 更新Ids & 重新生成所有项目 更新 SAFE 签名(U)	项目分析成功，没有报错： 已分析　💡　插入

问题情境一：

问： 我的应用中需要编写大量的循环语句，请问用哪种编程语言实现更为方便？

答： 虽然各种编程语言都可以实现，但是使用结构化文本（ST）来编写更为方便，您可以根据实际需要灵活地使用 FOR…TO、REPEAT、WHILE、CASE…OF 语句来编写程序。

问题情境二：

问： 我的应用中既需要编写大量的循环语句，同时需要大量的基本逻辑控制，请问编程如何处理更好？

答： 虽然各种编程语言都可以实现这两方面的需求，但是使用结构化文本（ST）来编写循环语句，梯形图（LD）编写基本逻辑控制会更为便捷，可以将应用分别放置在不同的程序段（Section），使用适合的编程语言来编写。

（四）学习成果评价

序号	评价内容	评价标准	评价结果（是/否）
1	控制要求	读懂控制要求	
2	功能块	掌握如何调用功能块	
3	编程	掌握简单程序的编写	

五、课后作业

根据上面控制的要求，分别用结构化文本语言（ST）和功能块图语言（FBD）编写控制程序。

职业能力 2.4.2　正确构建并使用 DFB 功能块

一、核心概念

在 Control Expert 软件中，可以根据应用的特定需求创建自己的 DFB 功能块，对应用程序进行结构化和优化。如果程序序列在应用程序中重复多次，或者需要设置标准的编程操作（例如控制电机的算法，或者涉及机密性的控制算法），可以创建编写功能块。在程序中使用 DFB 功能块，可以简化程序的设计和输入，提高程序的可读性，便于应用程序的调试，减少生成的代码量（只加载一次对应于 DFB 的代码，可在程序中对 DFB 进行多次调用，只生成对应于实例的数据）。DFB 功能块可以导出导入，方便其他编程人员使用。

二、学习目标

（一）掌握如何创建新的 DFB 功能块
（二）掌握如何调用 DFB 功能块

三、基本知识

（一）创建 DFB 功能块

一个 DFB 功能块包含输入、输出参数、公共或私有专用内部变量以及程序代码段，程序代码段可以使用 LD、ST、FBD、IL 语言来编写。

要创建一个 DFB 功能块，必须定义 DFB 功能块的参数和变量。在数据编辑器中打开"DFB 类型"选项卡，首先在"名称"下的空行双击创建一个 DFB 功能块的名称，然后单击要定义的 DFB 功能块的名称前面的"+"，配置该 DFB 功能块类型，如图 2-42 所示。

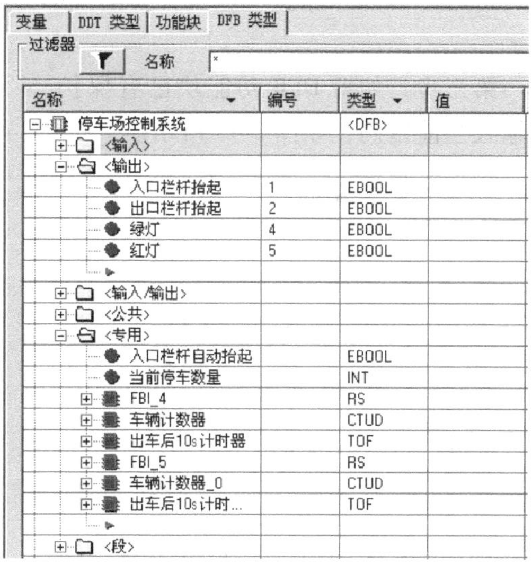

再单击想要打开文件夹的"+"：输入、输出、输入/输出、公共、专用等，双击选择第一个空的"名称"单元（有箭头显示），输入变量名称，回车确认，在"类型"列选择该变量的数据类型。对于输入、输出、输入/输出变量，在创建时系统会自动分配 1 个引脚号码，如果想要修改，可以在"编号"单元双击输入更改，然后回车确认。

图 2-42　配置 DFB 类型

（二）编程 DFB 功能块

对 DFB 功能块编程，首先必须创建 DFB 代码段。在数据编辑器的"DFB 类型"选项卡中创建，也可以在项目浏览器中"导出的功能块类型"下创建，一个 DFB 功能块可以包含一个或多个代码段，各个代码段可以分别使用 LD、ST、FBD、IL 语言来编写。具体的编程方法等同于上一节介绍的应用程序编程。

如果将应用程序中已编写好的一段程序代码封装成DFB功能块，可以直接通过"复制""粘贴"的方法将相关代码段内容直接粘贴到DFB功能块的代码段中来，然后根据需要修改变量参数即可。在DFB功能块的代码段程序中，除系统字和位（%Si、%SWi和%SDi）外，不能使用输入/输出对象（%I、%Q等）、应用程序的全局变量对象（%M、%MW、%KW）等。

（三）DFB功能块的保护

一个DFB功能块有三种保护级别：

- 无：DFB类型未设保护。
- 只读：DFB类型所有参数目录（输入、输出、输入/输出、公共、专用和段）为只读模式。
- 不读写：DFB类型参数目录中"专用"和"段"不显示，其他参数目录可从数据编辑器中以只读方式访问。

设置DFB功能块保护的方法：

第一步，在数据编辑器中右键单击要保护的DFB功能块名称，在右键菜单中选择"属性"，打开DFB功能块属性对话框，如图2-43所示。

第二步，在"保护"的下拉菜单中选择新的保护级别，回车，弹出密码对话框，输入密码，单击"确定"即可，如图2-44所示。

第三步，如果DFB功能块已有保护，则输入当前密码，如图2-45所示。

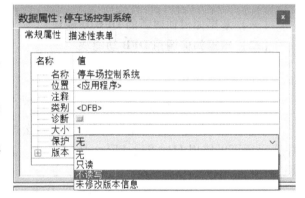

图 2-43 DFB 功能块属性

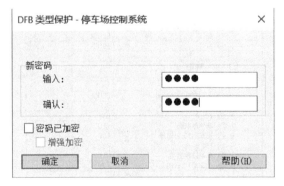

图 2-44 DFB 功能块密码设置

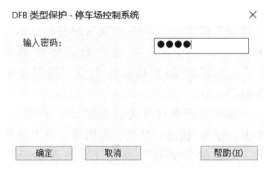

图 2-45 DFB 功能块密码输入

第四步，确定修改即可。

（四）调用DFB功能块

在应用程序开发界面中，单击鼠标右键，选择"FFB输入助手…"菜单，在弹出的函数功能块类型选择界面中单击"应用程序"，即可显示该项目下的所有的DFB函数功能块，插入开发环境即可。

一个DFB功能块在程序中可以多次调用，每个DFB功能块实例采用不同的名称（最多

32 个字符）来标识。除了事件任务和 SFC 程序的转换以外，其他所有的语言以及应用程序的所有任务（代码段、子程序等）中都可以使用 DFB 功能块。DFB 功能块的选择如图 2-46 所示。

图 2-46　DFB 功能块的选择

应用程序中 DFB 功能块实例的执行步骤是：首先加载输入和输入/输出参数的值，然后执行 DFB 功能块的内部程序，最后写入输出参数。调用 DFB 功能块实例如图 2-47 所示。

（五）存储 DFB 功能块

默认情况下，开发好的 DFB 功能块，目前仅在该项目中是有效的。如果关闭该项目程序，重新新建项目文件后，已经开发好的 DFB 功能块在新的项目文件中无法调用。

如果希望开发的 DFB 功能块在所有的项目文件中都可以使用，一种方法是将 DFB 功能块导出成 *.XDB 文件，在新项目中导入使用；另一种方法，可以将 DFB 功能块添加到功能块库中，于是调用 DFB 功能块时就像调用普通功能块一样，可以在任何项目中任意调用。

选中"导出的功能块类型"，单击鼠标右键，在弹出的菜单中选择"置入库"，即可将 DFB 功能块置入库，如图 2-48 所示。

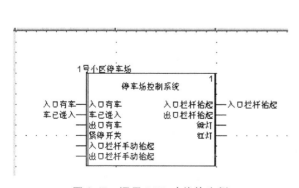

图 2-47　调用 DFB 功能块实例

图 2-48　DFB 功能块置入库

DFB 功能块导入功能块库后，自动存储到 Custom Lib 类库下。

四、能力训练

（一）操作条件

1. 掌握 IEC61131-3 编程语言知识。

2. 正确安装 Control Expert 编程软件。

（二）安全及注意事项

1. 遵守用电安全基本准则，通电时应注意安全防护，保证人员安全。

2. 按步骤规范操作，保证设备安全。

（三）操作过程

序号	步骤	操作方法及说明	质量标准
1	创建 DFB 功能块	创建 1 个交通灯控制功能块 输入变量:启动、停止、亮灯时间 输出变量:绿灯、黄灯、红灯	创建 DFB 功能块参数完成
2	DFB 功能块程序的编写	编写 DFB 功能块内部逻辑程序,根据输入的亮灯时间,控制绿/黄/红三灯循环点亮	完成 DFB 功能块内部逻辑
3	编译 DFB 功能块	菜单"生成"→"项目分析": 生成(B) PLC(P) 调试(D) 窗口(W) 帮助 分析(N) Ctrl+Shift+B 项目分析(A) 生成更改(B) Ctrl+B 重新生成所有项目(R) 更新Ids & 重新生成所有项目 更新 SAFE 签名(U)	项目分析成功,没有报错: 已分析　　插入
4	调用 DFB 功能块	在主程序里调用 DFB 功能块,关联实际参数,将启动、停止关联到 DI 模块的通道,绿灯、黄灯、红灯关联到 DO 模块的通道	调用 DFB 功能块到主程序,并关联实际参数

问题情境一:

问:我自己开发了一套特殊的算法用在项目中,我想保护我的知识产权,不希望用户看到具体内容,应怎么做最为方便?

答:有多种方法可以实现,最方便的方法是将您的算法封装成 DFB 功能块,并对 DFB 功能块加密不可读写,用户就只能看到功能块外部的引脚变量,看不到内部信息。

问题情境二:

问:我编写好了 DFB 功能块,希望在不同的项目中重复使用,有哪些方法可以实现?

答:1)导出/导入 DFB:将 DFB 功能块导出成*.XDB 文件,在新项目中导入使用;

2)将 DFB 功能块添加到功能块库中,DFB 功能块置入到功能块库后,自动存储到 Custom Lib 类库下,这样调用 DFB 功能块时就像调用普通功能块一样,可以在任何项目中任意调用。

（四）学习成果评价

序号	评价内容	评价标准	评价结果（是/否）
1	DFB 功能块	能了解自定义 DFB 功能块的用处	
2	DFB 功能块参数	掌握如何设置功能块参数	
3	DFB 功能块调用	掌握如何调用 DFB 功能块，关联实际参数	

五、课后作业

请设计一个 DFB 功能块。

控制要求：采用光电开关检测生产线上的啤酒瓶，每检测一定数量（数量可设置）啤酒瓶后发出换箱命令。

工作任务 2.5　程序下载与调试

职业能力 2.5.1　掌握如何使用仿真器调试 Modicon M580 系统

一、核心概念

为了方便调试，节省现场调试的时间，Control Expert 软件除了提供一系列的联机调试工具外，还提供了 PLC 仿真器，不需要连接到真实的 PAC/PLC 控制器就可以进行程序调试。

二、学习目标

（一）正确下载程序到仿真器
（二）掌握使用仿真器的调试程序

三、基本知识

（一）PLC 仿真器

Control Expert 软件集成了 PLC 仿真器，通过 PLC 仿真器，不必连接真实的 PLC 就可以进行程序调试。在真实的 PLC 上运行的所有项目任务（主任务、快速任务和事件任务）都可以在仿真器上运行。该仿真器和真实 PLC 的区别在于它没有 I/O 模块和通信网络的非确定性实时行为。PLC 仿真器具有所有的调试功能：动态仿真、断点、强制变量等功能。

连接 PLC 仿真器的步骤：

第一步，选择连接对象模式。菜单命令："PLC"→"仿真模式"，如图 2-49 所示。
第二步，生成项目下载文件。菜单命令："生成"→"重新生成所有项目"，如图 2-50 所

图 2-49　仿真模式选择

示，如果生成项目没有成功，根据输出窗口的提示做相应的修改。

第三步，设置连接地址。菜单命令："PLC"→"设置地址"，弹出设置地址对话框，如图 2-51 所示，确认仿真器地址是"127.0.0.1"，介质是"TCPIP"。

第四步，连接 PLC 仿真器。菜单命令："PLC"→"连接"，将 PC 连接 PLC 仿真器。如果第一次连接，将弹出图 2-52 所示的安全性设置警告。

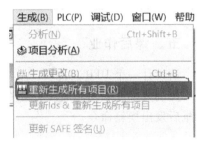

图 2-50　生成下载到仿真器的项目文件

图 2-51　仿真器连接地址

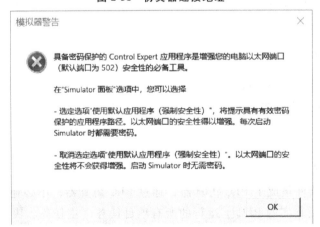

图 2-52　模拟器安全警告

单击"OK"按钮，在弹出的仿真器面板选项界面如图 2-53 所示，取消"使用缺省应用程序启动模拟器（强制安全性）"选项的勾选，单击"确定"按钮：

菜单命令："PLC"→"连接"，将 PC 连接 PLC 仿真器。

将 PLC 仿真器打开，自动最小化到任务栏，显示图标为 （ 表示没有用户项目下载

图 2-53　仿真器面板选项

到 PLC 仿真器；▮▮ 表示下载到 PLC 仿真器的项目没有启动；▮▶ 表示项目正在运行；▮▮ 表示项目停止）。

第五步，将项目程序下载到 PLC 仿真器。菜单命令："PLC"→"将项目传输到 PLC"，弹出以下对话框，勾选"PLC 在传输后运行"，单击"传输"按钮，计算机即将项目传输到 PLC 仿真器中，如图 2-54 所示。

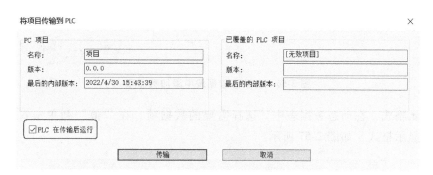

图 2-54　传输到 PLC 仿真器

如果之前没有勾选"PLC 在传输后运行"，传输后则需要手动启动 PLC 到运行状态，菜单命令："PLC"→"运行"。运行状态显示在状态栏里，如图 2-55 所示。

图 2-55　状态栏显示

（二）程序调试

1. 程序动态显示

联机时，如果当前软件打开的项目与 PLC 中项目完全相同，程序将可以动态显示。默认情况下，代码段将动态显示，若要停止一个代码段的动态显示，请单击工具栏中的 ⟲ 按钮；若要重新启动动态显示，请再次单击此按钮。

程序在线动态显示时，变量的状态将以不同的颜色来表示：对于布尔变量，如果变量为

TRUE（1），显示为绿色，如果变量为 FALSE（0），显示为红色；数值型变量显示为黄色。

动态数据表用于监控变量的实时变化值。在项目浏览器中，右键单击"动态数据表"，在右键菜单中，单击"新建动态数据表"，创建用于监控变量的动态数据表。

在动态数据表中添加要监控的数据项，双击"名称"列下的空行，手动输入寄存器地址或变量名，或者单击 ▪▪▪，从变量表里直接选择变量，如图 2-56 所示。

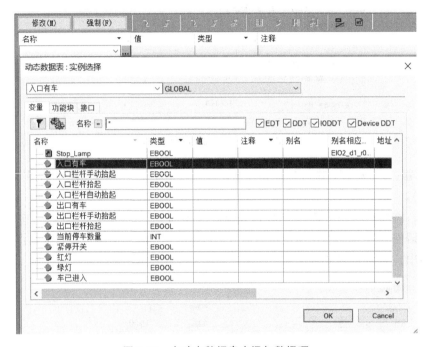

图 2-56   在动态数据表中添加数据项

修改显示格式，在动态数据表中，选择需要的数据项，在"值"列单击右键，在右键菜单中选择显示格式，如图 2-57 所示。

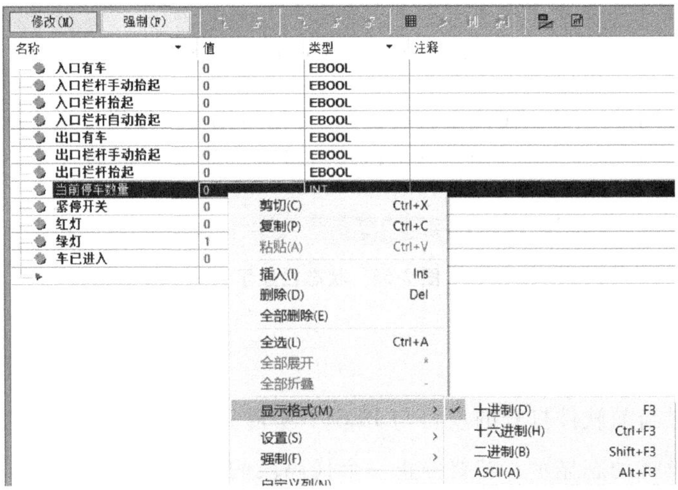

图 2-57   在动态数据表中修改数据项显示格式

在动态数据表中修改变量值，首先按下"修改"按钮，如图2-58所示，然后在要修改的变量对应行双击"值"列，输入需要的值，回车确认即可。

对于EBOOL类型的定位变量，我们可以强制它。首先按下"强制"按钮，如图2-59所示，然后选择需要强制的数据项，单击强制选项，表示强制为0，表示强制为1，当1个变量被强制时，将在该值前面显示字母F。表示取消强制，当一个变量的强制被取消后，该值前面将不再显示字母F。

图2-58　在动态数据表中修改变量值　　　　　图2-59　在动态数据表中强制变量值

在程序编辑器中修改变量值（见图2-60），用鼠标选择您要修改的变量，单击右键，在右键菜单中根据需要选择"设置值"或"强制值"，即可修改变量的当前值。对于强制后的变量，如果强制为1，变量名会自动加上绿色矩形边框；如果强制为0，变量名会自动加上红色矩形边框。

2. 联机修改程序

当PC连接PLC时，可以在线修改程序内容而不必停止CPU的运行。在线修改程序后并下载的方法：修改程序后，单击菜单命令"生成"→"生成更改"，如图2-61所示，即将更改的内容下载到CPU中，CPU不会停止运行。

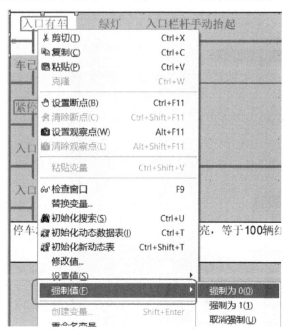

图2-60　在程序编辑器中修改变量值

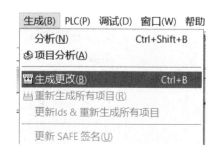

图2-61　在线修改程序后下载

四、能力训练

（一）操作条件

1. 正确安装 Control Expert 编程软件。

2. 完成上一章的编程练习。

（二）安全及注意事项

1. 遵守用电安全基本准则，通电时应注意安全防护，保证人员安全。

2. 按步骤规范操作，保证设备安全。

（三）操作过程

序号	步骤	操作方法及说明	质量标准
1	启动仿真器	启动 Control Expert 软件的仿真器	仿真器正常开启
2	项目生成	项目程序连接选择仿真模式： 生成仿真模式下的可执行文件，菜单"生成"→"重新生成所有项目"：	项目生成成功： TCPIP:127.0.0.1　MEM 已生成
3	程序下载	将软件连接仿真器： 将项目下载到仿真器：	程序传输到仿真器：

（续）

序号	步骤	操作方法及说明	质量标准
4	调试程序	调试 2.4.1 节编写的灯控程序,在动态数据表中监控变量状态	程序满足控制要求

问题情境一：

问：在连接仿真器时，提示"这不是有效的 PLC 地址，或 PLC 忙碌，或介质已关闭"，应如何处理？

答：1. 确认已切换到"仿真模式"，地址是"127.0.0.1"：

2. 确认仿真器选项中的安全性已取消勾选：

3. 连接是否被计算机的防火墙拦截。

问题情境二：

问：在 Control Expert 软件界面下的状态栏里看到红色的"不同"，请问是怎么回事？

答：在状态栏里看到红色的"不同"，表示当前程序版本与仿真器中的不一致，需要下载程序到仿真器或者上传仿真器中的程序到计算机，以实现程序一致，方便程序调试或者备份。当程序一致后，状态栏显示绿色的"相等"。

（四）学习成果评价

序号	评价内容	评价标准	评价结果(是/否)
1	仿真器	正常启动仿真器	
2	程序生成	程序生成无误	
3	程序调试	程序调试到满足控制要求	

五、课后作业

使用仿真器调试验证前面章节编写的 DFB 功能块。

职业能力 2.5.2　掌握如何实际联机调试 Modicon M580 系统

一、核心概念

通过 USB 和以太网两种方式，连接计算机到 Modicon M580 PAC 系统传输程序。

二、学习目标

（一）正确下载程序到 Modicon M580 系统
（二）掌握如何调试程序、在线不停机修改程序

三、基本知识

（一）标准模式

连接到 Modicon M580 时，连接模式为"标准模式"，菜单命令："PLC"→"标准模式"，如图 2-62 所示。

生成项目下载文件。菜单命令："生成"→"重新生成所有项目"，如图 2-63 所示，如果生成项目没有成功，根据输出窗口的提示做相应的修改。

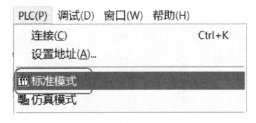

图 2-62　标准模式选择

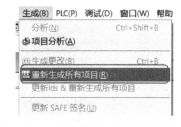

图 2-63　生成下载到 M580 的项目文件

（二）连接计算机到 Modicon M580

1. USB 编程电缆连接

第一步，设置连接地址。菜单命令："PLC"→"设置地址"，弹出设置地址对话框，如图 2-64 所示，设置地址栏键入"SYS"，介质从下拉菜单选择"USB"。

图 2-64　USB 连接 PLC 地址设置

设置完成后，将 USB 编程电缆连接 Modicon M580 的 USB 端口，可以单击"测试连接"按钮，测试 PC 与 PLC 的连接是否通畅。

第二步，连接 PLC。菜单命令："PLC"→"连接"，将 PC 连接到 Modicon M580 PLC。联机后，系统会自动地对 PC 上的项目和 PLC 的项目进行比较，比较结果（不同或者相同）将显示在状态栏里。

第三步，将项目程序下载到 PLC。方法同下载到仿真器，请参照 2.5.1 节。

2. 以太网电缆连接

对于配置了以太网通信接口的 PLC 系统，可以使用以太网电缆将 PC 连接 PLC。步骤与以上介绍的 USB 连接相似，仅第一步设置地址有所不同。在地址栏键入 PLC 以太网端口的 IP 地址，介质从下拉菜单选择"TCPIP"，如图 2-65 所示。

图 2-65　以太网连接 PLC 地址设置

（三）程序上载

如需上载 PLC 中的程序，单击"PLC"→"连接"菜单，将 PC 与 PLC（或仿真器）建立连接后，单击"PLC"→"从 PLC 中上传项目"菜单，即可将 PLC（或仿真器）中的程序上传到 PC 中。

注意：

● 如果将项目程序下载到 PLC（或仿真器）之前，软件的"工具"→"项目设置"菜单下的"PLC 内嵌数据"参数下的"上载信息"选项没有选中，程序将无法上载。默认情况下，该选项自动选中，即允许上载程序。

● "上载信息"选项下的子项决定除了可以上载程序外，还允许上载的其他信息，如图 2-66 所示。

（四）程序调试

1. 程序动态显示

联机时，如果当前软件打开的项目与 PLC 中项目完全相同，程序可以动态显示。默认情况下，代码段将动态显示，要停止一个代码段的动态显示，请单击工具栏中的 🔄 按钮；要重新启动动态显示，请再次单击 🔄 按钮。

程序在线动态显示时，变量的状态将以不同的颜色来表示：对于布尔变量，如果变量为 TRUE（1），显示为绿色；如果变量为 FALSE（0），显示为红色；数值型变量显示为黄色。

动态数据表用于监控变量的实时变化值。在项目浏览器中，右键单击"动态数据表"，在右键菜单中，单击"新建动态数据表"，创建用于监控变量的动态数据表。

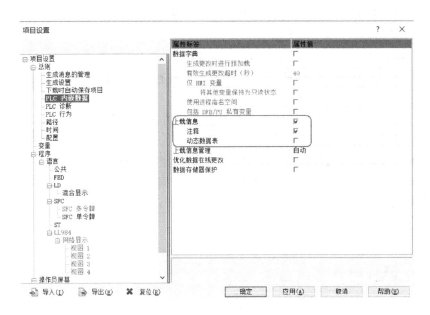

图 2-66   程序上载参数设置

在动态数据表中添加要监控的数据项，双击"名称"列下的空行，手动输入寄存器地址或变量名，或者单击 **...**，从变量表里直接选择变量，如图 2-67 所示。

图 2-67   在动态数据表中添加数据项

修改显示格式，在动态数据表中，选择需要的数据项，在"值"列单击右键，在右键菜单中选择"显示格式"，如图 2-68 所示。

在动态数据表中修改变量值，首先按下"修改"按钮，如图 2-69 所示，然后在要修改

图 2-68　在动态数据表中修改数据项显示格式

的变量对应行双击"值"列，输入需要的值，回车确认即可。

对于 EBOOL 类型的定位变量，我们可以强制它。首先按下"强制"按钮，如图 2-70 所示，然后选择要强制的数据项，再单击强制选项，⤵表示强制为 0，⤴表示强制为 1，当 1 个变量被强制时，将在该值前面显示字母 F。⤴表示取消强制，当一个变量的强制被取消后，该值前面将不再显示字母 F。

名称	值	类型
入口有车	0	EBOOL
入口栏杆手动拾起	0	EBOOL
入口栏杆拾起	0	EBOOL
入口栏杆自动拾起	0	EBOOL
出口有车	0	EBOOL
出口栏杆手动拾起	0	EBOOL
出口栏杆拾起	0	EBOOL
当前停车数量	0	INT

图 2-69　在动态数据表中修改变量值

图 2-70　在动态数据表中强制变量值

在程序编辑器中修改变量值（见图 2-71），用鼠标选择要修改的变量，单击右键，在右键菜单中根据需要选择"设置值"或"强制值"，即可修改变量的当前值。对于强制后的变量，如果强制为 1，变量名会自动加上绿色矩形边框；如果强制为 0，变量名会自动加上红色矩形边框。

2. 联机修改程序

当 PC 连接 PLC 时，可以在线修改程序内容，而不必停止 CPU 的运行。在线修改程序后下载的方法：修改程序后，单击菜单命令"生成"→"生成更改"，如图 2-72 所示，即将更改的内容下载到了 CPU 中，过程中 CPU 不会停止运行。

注意：如果在在线连接情况下，修改了项目程序，并单击"PLC"→"将项目传输到PLC"菜单时，将导致 PLC 停止运行。

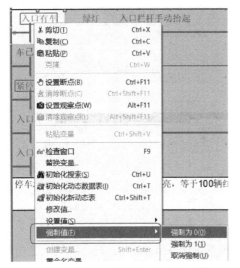

图 2-71　在程序编辑器中修改变量值

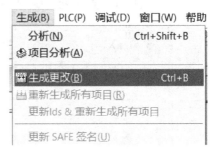

图 2-72　在线修改程序后下载

Modicon M580 PAC 支持硬件配置的在线修改功能（CCOTF），双击 CPU 模块，在 CPU 的配置窗口，勾选"在运行或停止模式下进行在线修改"即可启用该功能。允许配置在线修改设置如图 2-73 所示。

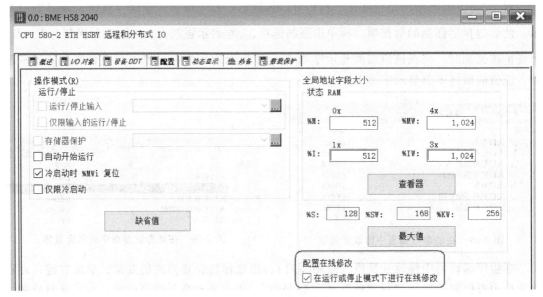

图 2-73　允许配置在线修改设置

功能启用后，可以在线添加 Modicon X80 RIO 子站，在空槽位上添加离散量或模拟量模块，修改模块的配置和调节参数。除此之外，修改了其他的硬件配置信息，必须断开连接状态，单击"重新生成所有项目"菜单，并重新下载程序。

四、能力训练

（一）操作条件

1. 正确安装 Control Expert 编程软件。

2. 已完成前面章节的编程练习。

（二）安全及注意事项

1. 遵守用电安全基本准则，通电时应注意安全防护，保证人员安全。

2. 接通电源后，严禁用手或导体触摸各电气元件及接线端子，以免触电。

3. 按步骤规范操作，保证设备安全。

4. 完成实验后，应清点工具，关断实验台电源，整理实验台和恢复实验台原样。

（三）操作过程

序号	步骤	操作方法及说明	质量标准
1	标准模式	切换到"标准模式" PLC(P)　调试(D)　窗口(W)　帮助(H) 连接(C)　　　　　　　　　　Ctrl+K 设置地址(A)... 标准模式 仿真模式	切换到标准模式 HMI读写模式 离线　　USB:SYS
2	项目生成	生成"标准模式"下的可执行文件,菜单"生成"→"重新生成所有项目": 生成(B)　PLC(P)　调试(D)　窗口(W)　帮助 分析(N)　　　　　　Ctrl+Shift+B 项目分析(A) 生成更改(B)　　　　　Ctrl+B 重新生成所有项目(R) 更新Ids & 重新生成所有项目 更新 SAFE 签名(U)	项目生成成功: USB:SYS　　　MEM 已生成
3	程序下载	设置连接方式和地址,介质选择 USB,地址 SYS: 设置地址 ✓ PLC 地址　　　　　　　　仿真器 地址　　　　　　　　地址　127.0.0.1 介质　　　　　　　　介质 USB　　　　　　　　TCPIP 通讯参数　　　　　　通讯参数 ✓下载结束时,继续进行自适应 　　　带完... 　　　测试连接 　　　确定 　　　取消 　　　帮助 用 USB 编程电缆将 PC 连接到 Modicon M580: PLC(P)　调试(D)　窗口(W)　帮助(H) 连接(C)　　　　　　　　　　Ctrl+K 设置地址(A)... 将项目下载到 Modicon M580 CPU:	程序传输到 Modicon M580 CPU: HMI 读写模式 相等 运行 上载信息完好

（续）

序号	步骤	操作方法及说明	质量标准
3	程序下载	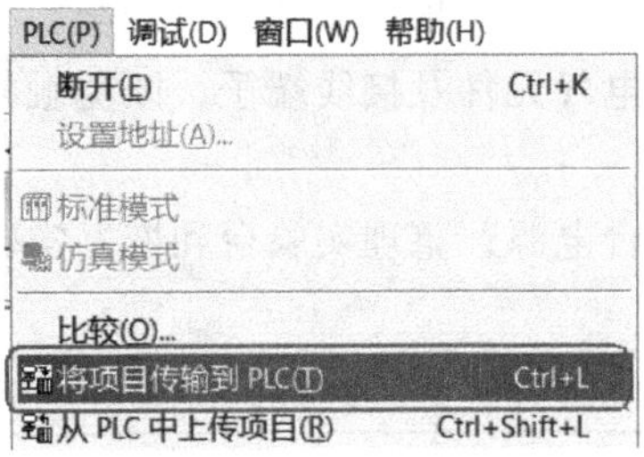 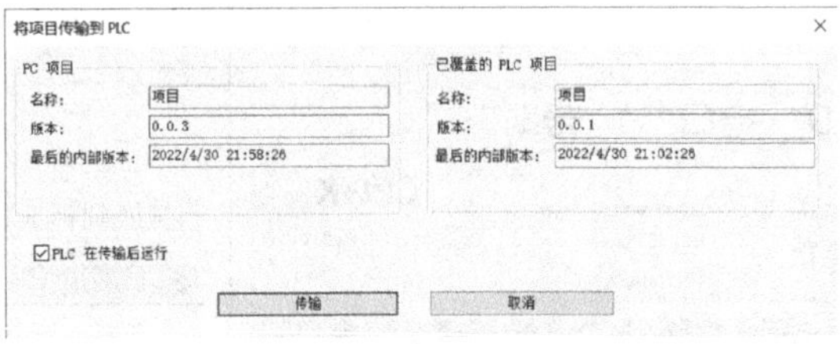	程序传输到 Modicon M580 CPU：HMI 读写模式 相等 运行 上载信息完好 
4	调试程序	使用实验台上的仿真接线板，调试 2.4.1 章节编写的灯控程序	程序满足控制要求，实际 I/O 模块通道输出正确
5	以太网上载程序	新开一个 Control Expert 软件界面，将 PC 连接以太网模块，连接地址键入以太网模块的 IP 地址，介质选择为"TCPIP"： 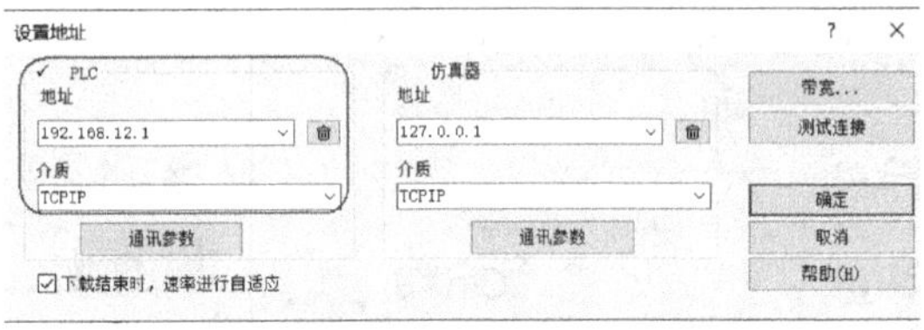 测试连接成功，单击确认，关闭窗口。连接上 Modicon M580，  将程序从 Modicon M580 上传到 PC： 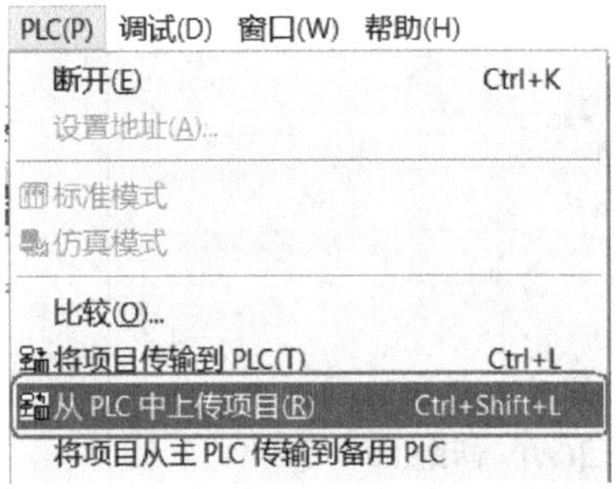	程序上传成功

问题情境一：

问：将计算机连接 CPU 的以太网口上，通过以太网来调试程序，但是连接时提示"这不是有效的 PLC 地址，或 PLC 忙碌，或介质已关闭"，用计算机可以 PING 通 CPU 的 IP 地址，请问如何解决这个问题？

答：计算机可以 PING 通 CPU 的 IP 地址，说明 IP 地址是有效的。检查之前下载到 CPU 里的程序中，CPU 的以太网安全设置是否允许计算机的 IP 地址访问 CPU 的 502 端口，可以试着"解锁安全"，然后用 USB 电缆把解锁了安全的程序下载到 CPU，再用以太网去连接。

问题情境二：

问：在现场调试 PAC 程序逻辑，发现程序中的 DO 点已经输出为 true，但是对应 DO 模块通道实际没有输出，检查对应的通道 LED 灯也没有亮，请问是怎么回事？

答：1）确定 Control Expert 软件连接了实物 CPU，而不是仿真器。如果状态栏如

`HMI 读写模式` `相等` `运行` `上载信息完好` `TCPIP:127.0.0.1` `MEM 已生成` 所示，显示 TCPIP：127.0.0.1，则软件连接了仿真器，而不是实物 CPU。

2）如果 DO 模块安装在 RIO 远程站机架，查看对应站的远程子站适配器 CRA 模块是否正常运行（RUN 灯常亮）。

3）查看对应 DO 模块是否正常工作。

（四）学习成果评价

序号	评价内容	评价标准	评价结果（是/否）
1	标准模式	切换到标准模式	
2	程序生成	程序生成无误	
3	程序下载	正确连接 Modicon M580，程序下载	
4	程序调试	程序调试到满足控制的要求	
5	程序上传	正确上传程序	

五、课后作业

程序中调用前面章节编写的 DFB 功能块，输入、输出引脚变量关联到实际 I/O 通道，使用 Modicon M580 实物调试验证，使之满足控制的要求。

工作领域 3

通信实现

工作任务 3.1　通信功能的实现

职业能力 3.1.1　正确实现 Modicon M580 与触摸屏 HMI 的通信

一、核心概念

Vijeo Designer Basic 软件是一个完整的开发环境，使您能够通过计算机来创建人机界面（HMI）用户应用程序。它提供了设计人机界面项目（包括从数据采集到创建并显示动画等各种任务）所需要的所有工具。

二、学习目标

（一）掌握如何使用 Vijeo Designer Basic 软件组态触摸屏 HMI 界面
（二）正确实现 HMI 与 Modicon M580 的通信

三、基础知识

（一）Vijeo Designer Basic 软件用户界面
Vijeo Designer Basic 软件用户界面如图 3-1 所示。

导航窗口：用于创建应用程序，在文档资源管理器中分级列出了有关每个项目的信息。

反馈区：显示错误检查、编译和加载的进度与结果。当发生错误时，系统会显示错误信息或警告信息，若要查看发生错误的位置，请双击错误信息。

属性栏：显示所选对象的参数，当选择了多个对象时，将只显示所有对象的共用参数。

图形列表：列出了界面中出现的所有对象，并提供以下信息：

• 创建顺序；

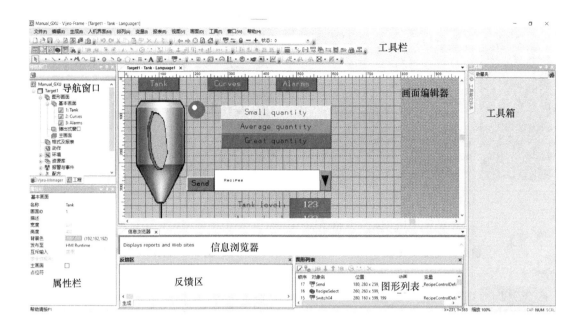

图 3-1   Vijeo Designer Basic 软件用户界面

- 名称;
- 位置;
- 动画;
- 其他关联变量。

界面中选中的对象在列表中突出显示。将为对象组显示类似的信息(即创建顺序、名称和位置),若要显示组中对象的列表,请单击+,可以单独选择每个对象。

信息浏览器:显示联机帮助或报表的内容。

工具箱:工具箱是制造商和/或您创建的组件库(条形图、定时器等),若要将组件置入界面,请在工具箱中选择组件并将其拖动到界面中。您可以导出和/或导入自己创建的组件。

(二)启动软件并新建项目

启动 Vijeo Designer Basic 软件,并创建一个新工程(见图 3-2),菜单"文件"→"新建工程":

键入工程名称,单击"Next",选择 HMI 型号,如图 3-3 所示。

选择使用的 HMI 设备型号,单击"Next",设置 HMI IP 地址如图 3-4 所示。

勾选"指定如下 IP 地址",键入 HMI 的 IP 地址,单击"Next",添加通信设备如图 3-5 所示。

单击"添加",在"新建驱动程序"界面中,驱动程序选择"Modbus TCP/IP",设备选择"Modbus 设备",如图 3-6 所示。

单击"确定"后,"添加驱动程序和设备"如图 3-7 所示。

图 3-2　创建新工程

图 3-3　选择 HMI 型号

图 3-4　HMI IP 地址设置

图 3-5　添加通信设备

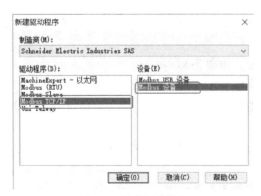

图 3-6　新建驱动程序

图 3-7　添加驱动程序和设备

单击"完成",工程新建完毕。

（三）I/O 管理器

单击"导航窗口中"的"I/O 管理器",双击之前建立的设备"ModbusEquipment01",如图 3-8 所示。

配置要连接的 Modicon M580 的 IP 地址,勾选"IEC61131"语法,编码模式选择"0-based",双字字顺序选择"低字优先",通信设备参数配置如图 3-9 所示。

图 3-8 I/O 管理器

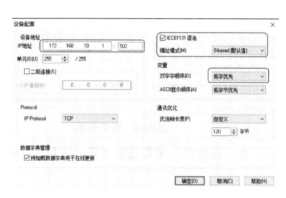

图 3-9 通信设备参数配置

单击"确定",确定设备地址转换格式如图 3-10 所示。

单击"Yes"。

（四）创建变量

变量是由名称表示的内存地址。创建您需要的所有变量,然后再将这些变量与界面上的开关、指示灯、数据显示器和其他对象联系起来。HMI 用于这些变量和与设备进行通信,还可以定义仅供 HMI 使用的内部变量。

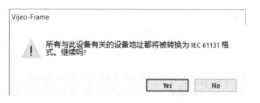

图 3-10 确定设备地址转换格式

在导航窗口,双击"变量",打开变量编辑器,如图 3-11 所示。

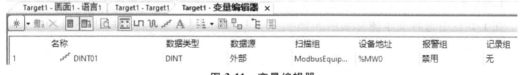

图 3-11 变量编辑器

单击左上角"新建变量"按钮,打开新建变量窗口,键入变量名,选择数据类型,数据源选择"外部",单击设备地址右边的 ▭ 按钮,编辑变量通信对应的 Modicon M580 寄存器地址,选择地址类型,键入地址偏移量如图 3-12 所示。

单击"确定",变量创建完成,如图 3-13 所示。

（五）HMI 的编辑

在"导航窗口","图形画面"→"基本画面"→"1：画面 1",将"画面 1"重新命名,本例中重新命名为"开始画面",双击打开画面编辑器,如图 3-14 所示。

图 3-12 新建变量

图 3-13 变量通信寄存器地址设置

在"属性栏"可以设置界面的背景色，如图 3-15 所示。

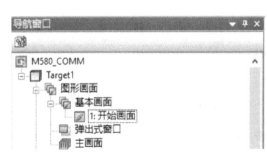

图 3-14 打开画面编辑器

图 3-15 界面属性

1. 创建文本

在工具栏中选择文本图标如图 3-16 所示，在屏幕中画出一个要置入文本的区域。

将出现文本编辑框窗口，在图 3-17 中的界面中修改文本属性，最后单击"确定"。

单击"确定"，文本添加到"开始画面"如图 3-18 所示。

图 3-16 选择文本图标

2. 创建按钮

选择工具栏中的开关图标（见图 3-19），在界面中画出一个将要置入按钮的区域：

若要定义将置入对象的区域，单击要置入对象的屏幕，松开鼠标左键，在屏幕上拖动鼠标，获得所需的对象尺寸，当对对象尺寸满意时，再次单击屏幕即可，这时会跳出一个"开关设置"窗口，根据自己的需要设置开关常规属性，如图 3-20 所示。

图 3-17　文本编辑框添加文本

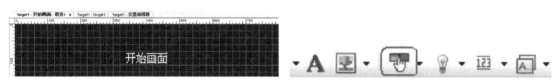

图 3-18　文本显示　　　　　　　　　　　　　　　　　图 3-19　开关图标

图 3-20　设置开关常规属性

例1：画面切换按钮：在单击"操作"时选择"画面"，"切换画面"，键入合适的"画面 ID"，最后单击添加即可，如图 3-21 所示。

在"标签"选项卡，设置按钮标签如图 3-22 所示。

图 3-21　画面切换按钮设置常规属性

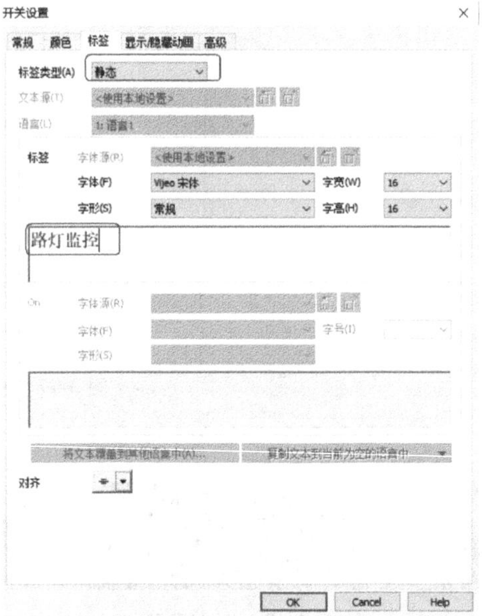

图 3-22　设置按钮标签

例2：功能实现按钮：在常规操作中选择"位"，及其对应的"操作"，关联合适的目标变量，同样单击添加即可。翻转按钮常规属性的设置如图 3-23 所示。

如需显示变量状态，则在"指示灯"关联相应的变量，在"颜色"选项卡，显示颜色设置，如图 3-24 所示。

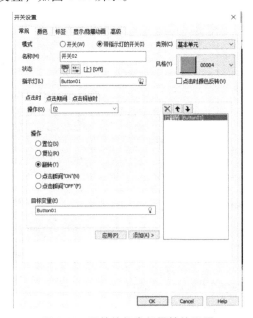

图 3-23　翻转按钮常规属性的设置

图 3-24　显示颜色设置

3. 数值显示及输入

选择工具栏中的数值显示图标，在界面中画出一个将要置入数值显示框的区域，如图 3-25 所示。

若定义将置入对象的区域，单击置入对象的屏幕，松开鼠标左键，在屏幕上拖动鼠标，获得所需的对象尺寸，当对对象的尺寸满意时，

图 3-25　数值显示图标

再次单击屏幕即可，这时会跳出一个数值显示属性设置窗口（见图 3-26），根据自己的需要设置属性，如关联相应的"变量"，设置"显示位数"，选择显示"风格"等。

如需从 HMI 输入数值，则单击"输入模式"选项，勾选"启用输入模式"等数值输入模式设置如图 3-27 所示。

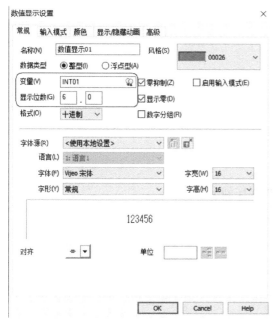

图 3-26　数值显示属性设置

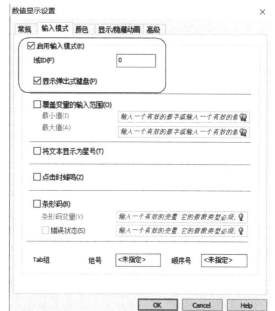

图 3-27　数值输入模式设置

4. 指示灯

选择工具栏中的指示灯图标（见图 3-28），在界面中画出一个将要置入指示灯的区域。

若要定义将置入对象的区域，单击要置入对象的屏幕，松开鼠标左键，在屏幕上拖动鼠标，获得所需对象的尺寸，当对对象的尺寸满意时，再次单击屏幕即可，这时会跳出一个指示灯常规属性设置窗口（见图 3-29），根据需要选择显示风格，关联相应的变量。

图 3-28　指示灯图标

"颜色"选项页设置变量状态对应显示的颜色：指示灯颜色属性设置如图 3-30 所示。

图 3-29 指示灯常规属性设置窗口   图 3-30 指示灯颜色属性设置

(六) HMI 下载程序方式

通过 USB 电缆或者以太网电缆两种方式下载程序到 HMI。

1. USB 下载

使用 USB 方式下载程序，首先选中 HMI "Target1"，在下方属性栏中，下载选项选中 "USB"，如图 3-31 所示。

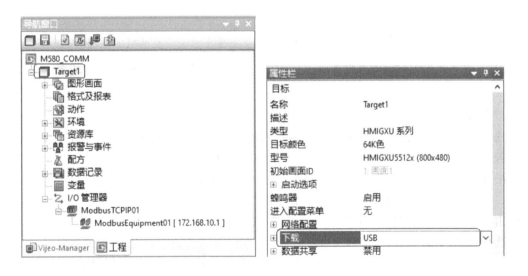

图 3-31 HMI 下载设置为 USB 方式

2. 以太网下载

第一次使用以太网下载程序前，必须先在屏幕上设置以太网地址或者用 USB 下载相应程序以配置 HMI 以太网地址，如图 3-32 所示。然后下载选项中选择"以太网"，填入目标 HMI 的 IP 地址。

（七）HMI 程序下载

HMI 开发完成后，可以将工程下载到目标机器并运行用户应用程序，但在下载工程之前应确保工程没有错误。"验证"是查找一般错误最快的方法，如果工程没有错误，下一步将生成工程并且模拟 Runtime 操作。模拟用于在不连接实际硬件的情况下，测试应用程序的正确性。"生成"操作将产生目标机器使用的文件，一旦成功生成工程，才可以将文件下载到目标 HMI 并运行该工程。如果发现工程开发过程中存在错误，可能会多次执行"验证""生成""模拟"或"下载"操作。开发工程时请及时调试，以便尽早发现错误。这一系列的操作都是在导航窗口，经由 Target1 右键菜单完成，如图 3-33 所示。

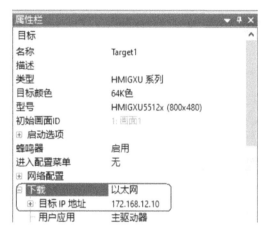

图 3-32 HMI 下载设置为以太网方式

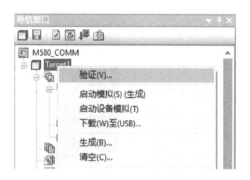

图 3-33 验证、生成、模拟、下载操作

（八）HMI 与 Modicon M580 的连接

将 HMI 与 Modicon M580 的以太网链路连接到同一网络中，检查 I/O 管理器中的驱动程序和设备配置无误，即可实现 HMI 与 Modicon M580 的通信。

四、能力训练

（一）操作条件

1. 正确安装 Control Expert 编程软件。

2. 正确安装 Vijeo Designer Basic 组态软件。

3. 正确使用电工基本工具并进行简单操作，正确使用电工测量工具并进行电路通断测量。

4. 熟悉施耐德电气 Modicon M580 实验台布局。

（二）安全及注意事项

1. 遵守用电安全基本准则，通电时应注意安全防护，保证人员安全。

2. 接通电源后，严禁用手或导体触摸各电气元件及接线端子，以免触电。

3. 按步骤规范操作，保证设备安全。

4. 完成实验后，应清点工具，关断实验台电源，整理实验台，恢复实验台原样。

（三）操作过程

序号	步骤	操作方法及说明	质量标准
1	网络连接	根据实验网络架构图连接网络： 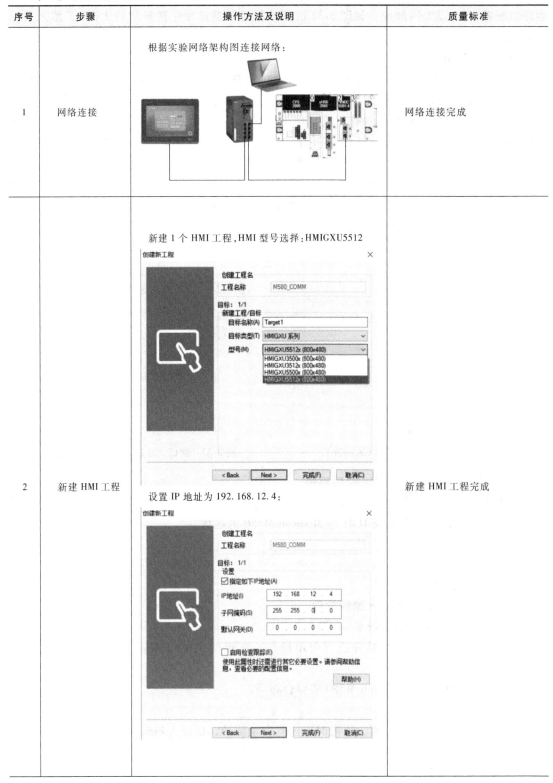	网络连接完成
2	新建 HMI 工程	新建 1 个 HMI 工程，HMI 型号选择：HMIGXU5512 设置 IP 地址为 192.168.12.4：	新建 HMI 工程完成

（续）

序号	步骤	操作方法及说明	质量标准
3	新建驱动程序与设备	创建与 Modicon M580 的以太网通信驱动，Modicon M580 以太网模块 IP 地址为 192.168.12.1，勾选 IEC61131 语法，编码模式选择"0-based"，双字字顺序选择"低字优先"： 	驱动创建完成：
4	创建变量	创建 3 个与 Modicon M580 通信的 BOOL 型变量：Lamp_G、Lamp_Y、Lamp_R，设备地址为%M0、%M1、%M2	变量创建完成：
5	创建界面，并验证、生成	创建两个界面： 1. 首界面： 2. 单击首界面的"交通灯监控"进入界面 2： 3 个指示灯分别关联 Lamp_R、Lamp_Y、Lamp_G 变量，变量状态为 ON 时，分别显示为红色、黄色、绿色。 单击"回首页"，回到开始界面	界面创建，验证、生成无误
6	下载	将生成无误的工程通过 USB 电缆下载到目标 HMI： 	下载成功，工程在 HMI 中运行

（续）

序号	步骤	操作方法及说明	质量标准
7	Modicon M580 程序	将之前编写的交通灯控制程序中,编写程序绿灯、黄灯、红灯的状态分别放置到寄存器 %M0、%M1、%M2 中	程序编写完成
8	网络连接	将 HMI 和 Modicon M580 的 NOC 模块以太网链路连接到 1 个交换机上	连接完成
9	下载程序	重新生成所有项目、下载程序到 Modicon M580	程序下载完成,Modicon M580 正常运行
10	通信调试	Modicon M580 和 HMI 联机调试,当 Modicon M580 程序中绿灯、黄灯、红灯依次循环点亮时,HMI 上的指示灯颜色相应变换	通信连通,HMI 上显示满足要求

问题情境一:

问:我现在办公室,手头没有实物 HMI 及 PAC,为了节省现场的调试时间,是否可以先通过仿真器来调试 HMI 与 PAC 的通信?

答:可以。在 HMI 的 I/O 管理器,设备配置界面,将要连接的设备地址设置为仿真器的地址:127.0.0.1:

将 Control Expert 程序下载到仿真器,即可实现 HMI 与 PAC 的连通。

问题情境二:

问:在 HMI 运行界面上,如果看到图标的右上角出现黄色三角形警示符,代表什么意思?应该如何处理?

答:HMI 运行界面上,图标的右上角出现黄色三角形警示符,代表该图标关联的变量与 PAC 没有通信,应检查:1. I/O 管理器中设置的通信设备 IP 地址是否正确;2. HMI 的 IP 地址是否与其在同一网段;3. 网络有没有连通;4. PAC 以太网模块端口的安全性是否相应解锁,允许 HMI 的 IP 地址访问 502 端口。

(四) 学习成果评价

序号	评价内容	评价标准	评价结果(是/否)
1	HMI 工程	新建工程,选择正确的 HMI 型号,参数设置正确	
2	驱动程序与设备	正确创建与 Modicon M580 通信的驱动程序和设备	
3	HMI 变量	正确创建 HMI 变量	
4	HMI 界面	正确创建 HMI 界面	
5	HMI 下载	正确将工程下载到 HMI	
6	HMI 与 Modicon M580 通信	HMI 与 Modicon M580 通信成功建立	
7	调试	HMI 界面显示满足控制要求	

五、课后作业

1. 在 HMI 上做一个启动/停止按钮，控制交通灯的启停。
2. 灯循环点亮的时间频率由 HMI 设置。

职业能力 3.1.2 正确实现 Modicon M580 与变频器的通信

一、核心概念

（一）ATV320 变频器

ATV320 变频器是一款书本型和紧凑型兼容的变频器（以下简称 ATV320），标配 Modbus 和 CANopen 通信，VW3A3616 是一个用于变频器的双端口以太网通信模块，支持 Modbus TCP 和 EtherNet/IP 通信协议，如图 3-34 所示。

图 3-34 ATV320+VW3A3616 以太网通信

（二）Modbus TCP

Modbus 由 MODICON 公司于 1979 年开发，是一种工业现场总线协议标准。1996 年施耐德公司推出基于以太网 TCP/IP 的 Modbus 协议：Modbus TCP。

IANA（Internet Assigned Numbers Authority，互联网编号分配管理机构）给 Modbus 协议赋予 TCP 端口号为 502，这是目前在仪表与自动化行业中唯一分配到的端口号。

二、学习目标

（一）掌握如何配置 ATV320 变频器以太网通信参数
（二）正确实现 ATV320 变频器与 Modicon M580 的 Modbus TCP 通信

三、基础知识

（一）VW3A3616 通信卡

通信模块 LED 如图 3-35 所示。

LED	描述	LED	描述
LNK(1)	A 端口连接	NS(3)	网络状态
MS(2)	模块状态	LNK(4)	B 端口连接

图 3-35 通信模块 LED 显示

LED1 和 LED4：链路活动，这两个 LED 指示以太网端口 A (1) 和 B (4) 的状态：

	颜色和状态	描述		颜色和状态	描述
EtherNet/IP &Modbus TCP	灭	没有连接	**EtherNet/IP &Modbus TCP**	黄亮	10Mbit/s 链路
	绿/黄闪	上电检测中		绿闪	100Mbit/s 链路活动
	绿亮	100Mbit/s 链路		黄闪	10Mbit/s 链路活动

LED 2：模块状态

	颜色和状态	描述
EtherNet/IP	灭	设备没有供电
	绿/红闪	上电检测中
	绿亮	设备运行正常
	绿闪	设备没有配置
	红闪	设备检测到可恢复的轻微检测故障
	红亮	设备检测到无法恢复的重大检测故障
Modbus TCP	灭	设备没有 IP 地址或者断电
	绿/红闪	上电检测中
	绿亮	设备准备好
	绿闪	设备没有准备好(等待电缆连接……)
	红闪	设备检测到(CnF)
	红亮	设备检测到(ILF)

LED 3：网络状态

	颜色和状态	描述
EtherNet/IP	灭	设备没有 IP 地址或者断电
	绿/红闪	上电检测中
	绿亮	该设备至少有一个已建立的连接
	绿闪	该设备没有至少一个已建立的连接

（续）

	颜色和状态	描述
EtherNet/IP	红闪	目标设备所在的一个或多个连接已超时。只有在重新建立所有超时连接或重置设备时,才应保留此选项
	红亮	设备检测到其 IP 地址已在使用中
Modbus TCP	灭	设备没有 IP 地址或者断电
	绿/红闪	上电检测中
	绿亮	至少连接了一个端口,并且已获得 IP 地址
	绿闪 3 次	所有端口都已拔出,但该卡有一个 IP 地址
	绿闪 4 次	检测到错误:重复的 IP 地址
	绿闪 5 次	该卡正在执行 BOOTP 或 DHCP 序列

LED 行为说明：LED 灯闪说明如图 3-36 所示。

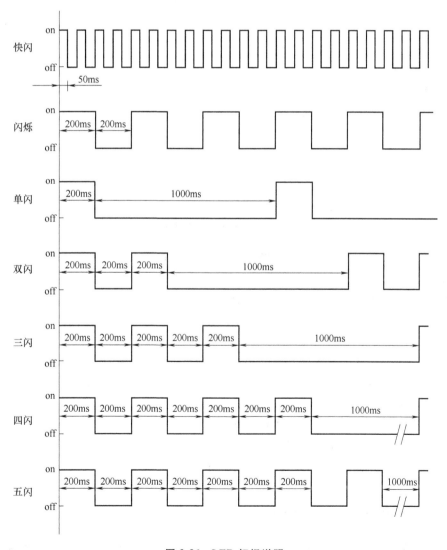

图 3-36　LED 灯闪说明

（二）ATV320 变频器网络参数设置

网络参数可以通过［Configuration］（COnF-），［Full］（FULL-），［Communication］（COM-）菜单和［Communication module］（Cbd-）子菜单访问设置。ATV320 变频器网络参数如图 3-37 所示。

Parameter Description (HMI mnemonic)	Range or Listed Values	Default	Long Name	Short Name	Access	Parameter Number
[Ethernet protocol] (Eth M) This parameter defines which protocol is used for implicit exchanges	0:Modbus TCP 1:EtherNet/IP	0	[Modbus TCP] [Ethernet IP]	(NtCP) (E iP)	R/W	64241
[Rate setting] (rdS) Rate and data settings	0: Autodetect 1: 10 Mbps Full 2: 10 Mbps Half 3: 100 Mbps Full 4: 100 Mbps Half	Auto	[Auto] [10M. full] [10M. half] [100M. full] [100M. half]	(Auto) (10F) (10H) (100F) (100H)	R/W	64251
[IP mode] (iPM) Use this parameter to select the IP address assignment method	0: Man 1: BOOTP 2: DHCP	DHCP	[Fixed] [BOOTP] [DHCP]	(NAnu) (boot) (dHCP)	R/W	64250
[IP module] (iPC) (iPC1)(iPC2)(iPC3)(iPC4) These fields are editable when IP mode is set to Fixed address	0 to 255 for each 4 fields	-	[139.160.069.241]	(139) (160) (069) (241)	R/W	64212 64213 64214 64215
[IP Mask] (iPM) (iPM1)(iPM2)(iPM3)(iPM4) These fields are editable when IP mode is set to Fixed address	0 to 255 for each 4 fields	-	[255.255.254.0]	(255) (255) (254) (0)	R/W	64216 64217 64218 64219
[IP Gate] (iPG) (iPG1)(iPG2)(iPG3)(iPG4) These fields are editable when IP mode is set to Fixed address	0 to 255 for each 4 fields	-	[0.0.0.0]	(0) (0) (0) (0)	R/W	64220 64221 64222 64223
[MAC @] (NAC) MAC address display	[00-80-F4-XX-XX-XX]	-	[00-80-F4-XX-XX-XX]	0080 F4--- XX XXXX	R	64267 64268 64269

图 3-37　ATV320 变频器网络参数

ATV320 变频器的 IP 地址可以通过集成显示终端或者图形显示终端直接输入，也可以通过以下方式提供：

- BOOTP 服务器（MAC 地址和 IP 地址之间的对应关系）；
- DHCP 服务器（设备名称［设备名称］和 IP 地址之间的对应关系）。

在集成显示终端输入 IP 地址：

将［IP mode］（iPM）设置为 0：Fixed，然后在［Communication］（COM-）菜单，［Communication module］（CBD-）子菜单，在下面选项输入 IP 地址相关设置：

- ［IP card］（IPC1）（IPC2）（IPC3）（IPC4）；
- ［IP Mask］（IPM1）（IPM2）（IPM3）（IPM4）；
- ［IP Gate］（IPG1）（IPG2）（IPG3）（IPG4）。

设置完成后，重新上电，新设置的 IP 地址才会生效。

（三）ATV320 变频器功能配置文件

ATV320 变频器支持两种功能配置文件：

1. I/O 配置文件

使用 I/O 配置文件方式可以简化 PLC 的编程。I/O 配置文件通过利用 1 位控制功能来控制端子排的用途。对于 ATV320 变频器，当通过网络进行控制时，也可以使用 I/O 配置文件，一旦发出 run 命令，驱动器就会启动。控制字的 15 位（位 1 至 15）可分配给特定功能。此配置文件可通过终端、Modbus 控制字、CANopen 控制字、网络模块控制字同时控制变频器。

I/O 模式配置文件中命令字由向前运行（CMD 的第 0 位）、反向运行（CMD 的第 1 位）和检测到的故障复位（CMD 的第 7 位）组成，I/O 模式控制字如图 3-38 所示。

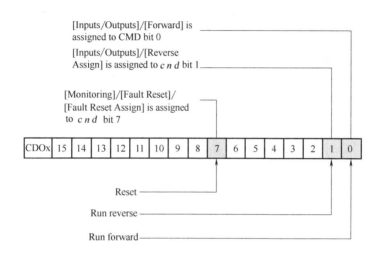

图 3-38　I/O 模式控制字

2. CiA402 配置文件

驱动器只会按照命令顺序启动。控制字是标准化的。控制字的 5 位（位 11 至 15）可分配给一个功能。ATV320 变频器支持 CiA402 配置文件的"速度模式"。在 CiA402 配置文件中，有两种模式是专门针对 ATV320 变频器的：分离模式［Separate］（SEP）、非分离模式［Not separ.］（SIM）。详细内容请参见 ATV320Modbus_TCPEtherNet_IP 手册。

四、能力训练

（一）操作条件

1. 正确安装 Control Expert 编程软件。

2. 正确使用电工基本工具并进行简单操作，正确使用电工测量工具并进行电路通断测量。

3. 熟悉施耐德电气 Modicon M580 实验台布局。

（二）安全及注意事项

1. 遵守用电安全基本准则，通电时应注意安全防护，保证人员安全。

2. 接通电源后，严禁用手或导体触摸各电气元件及接线端子，以免触电。

3. 按步骤规范操作，保证设备安全。

4. 完成实验后，应清点工具，关断实验台电源，整理实验台和恢复实验台原样。

（三）操作过程

序号	步骤	操作方法及说明	质量标准
1	网络连接	根据实验网络架构图连接网络： 	网络连接完成
2	ATV320 变频器 IP 地址设置	通过集成显示终端设置 ATV320 变频器的 IP 地址： COnF（配置）→FULL→COM（通信）→Cbd-（通信模块）： EthM（通信协议）→MbCP（Modbus TCP） iPM（IP 模式）→MAnU（固定） IPC（IP 地址）→ （IPC1）（IPC2）（IPC3）（IPC4）：192.168.12.7 IPM（子网掩码）→ （IPM1）（IPM2）（IPM3）（IPM4）→255.255.0.0 设置完成后，对 ATV320 变频器重新上电	ATV320 变频器的 IP 地址设置为：192.168.12.7 子网掩码：255.255.0.0
3	ATV320 变频器命令参数设置	1. 给定通道 1 设置为通信卡： COnF→FULL→CTL（命令）→Fr1（给定通道 1）→nEt（通信卡） 2. 设置 I/O 模式： COnF→FULL→CTL（命令）→CHCF（组合模式）→I/O（I/O 模式），长按 2s，确认选择 3. 命令通道 1 设置为通信卡： COnF→FULL→CTL（命令）→Cd1（命令通道 1）→nEt（通信卡）	设置 ATV320 变频器的控制模式为 I/O 模式，控制通道和给定频率从以太网通信卡获取
4	添加设备	Control Expert 软件，菜单"工具"→"DTM 浏览器"： 	ATV320 变频器设备添加完成：

（续）

序号	步骤	操作方法及说明	质量标准
4	添加设备	选中 BME_NOC0311，右键菜单"添加"： 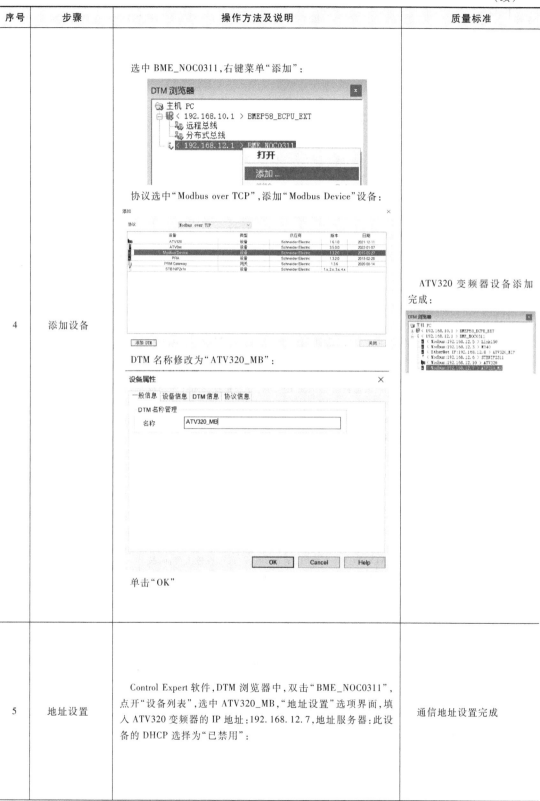 协议选中"Modbus over TCP"，添加"Modbus Device"设备： DTM 名称修改为"ATV320_MB"： 单击"OK"	ATV320 变频器设备添加完成：
5	地址设置	Control Expert 软件，DTM 浏览器中，双击"BME_NOC0311"，点开"设备列表"，选中 ATV320_MB，"地址设置"选项界面，填入 ATV320 变频器的 IP 地址：192.168.12.7，地址服务器：此设备的 DHCP 选择为"已禁用"：	通信地址设置完成

（续）

序号	步骤	操作方法及说明	质量标准
5	地址设置	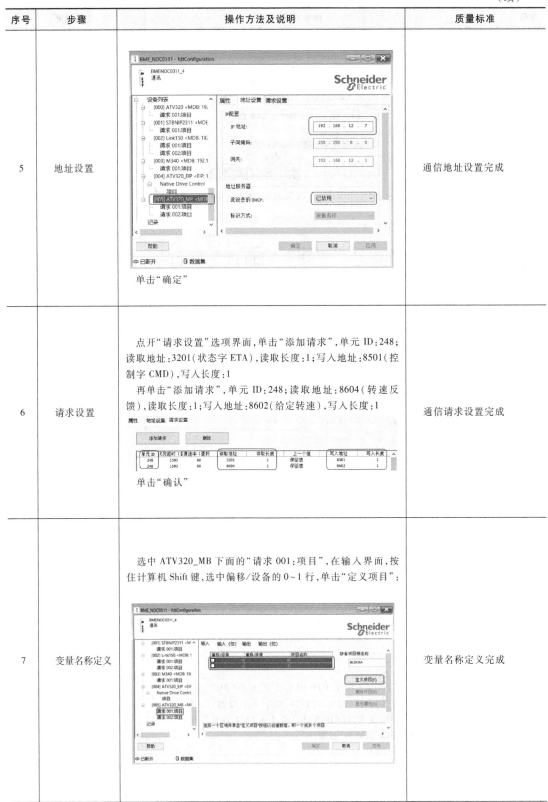单击"确定"	通信地址设置完成
6	请求设置	点开"请求设置"选项界面,单击"添加请求",单元 ID:248;读取地址:3201(状态字 ETA),读取长度:1;写入地址:8501(控制字 CMD),写入长度:1 再单击"添加请求",单元 ID:248;读取地址:8604(转速反馈),读取长度:1;写入地址:8602(给定转速),写入长度:1 单击"确认"	通信请求设置完成
7	变量名称定义	选中 ATV320_MB 下面的"请求 001:项目",在输入界面,按住计算机 Shift 键,选中偏移/设备的 0~1 行,单击"定义项目":	变量名称定义完成

（续）

序号	步骤	操作方法及说明	质量标准
7	变量名称定义	数据类型:UINT,项目名称键入:ETA **项目名称定义** ✕ 新项目数据类型: UINT ⌄ 将所选区域定义为 一个或多个单个项目 ⌄ 项目名称（最多为 32 个字符）: ETA [确定] [取消] [帮助] 在输出界面,按住计算机 Shift 键,选中"偏移/设备的 0~1"行,单击"定义项目",新项目数据类型:UINT,"项目名称":CMD; 输入　输入（位）　输出　输出（位） 	偏移/设备	偏移/连接	项目名称
0		0
1		1 | **项目名称定义** ✕ 新项目数据类型: UINT ⌄ 将所选区域定义为 一个或多个单个项目 ⌄ 项目名称（最多为 32 个字符）: CMD [确定] [取消] [帮助] 同样的操作方法,将请求 002,输入设置为数据类型:INT,项目名称:RFRD;输出设置为数据类型:INT,项目名称:LFRD	变量名称定义完成
8	查看通信变量	Control Expert 软件,打开"变量和 FB 实例",查看自动生成的 ATV320 变频器通信变量: 变量 DDT 类型 功能块 DFB 类型 过滤器 ▼ 名称 = ATV320_M* | 名称	类型	值	注释
ATV320_MB	T_ATV320_MB		
Freshness	BOOL		Global Freshness
Freshness_1	BOOL		Freshness of Object
Freshness_2	BOOL		Freshness of Object
Inputs	T_ATV320_MB_IN		Input Variables
ETA	UINT		
RFRD	INT		
Outputs	T_ATV320_MB_OUT		Output Variables
CMD	UINT		
LFRD	INT			 这些变量在 Modicon M580 程序中直接可用	查看到 ATV320 变频器通信变量
9	下载程序	重新生成所有项目、下载程序到 Modicon M580	程序下载完成,Modicon M580 正常运行

（续）

序号	步骤	操作方法及说明	质量标准

10	通信测试	在动态数据表中监控结构变量"ATV320_MB"，修改转速变量ATV320_MB.Outputs.LFRD 为 200，ATV320.Outputs_MB.CMD 为 1，起动变频器外接的电机正转，转速为200r/min
		
		ATV320.Outputs_MB.CMD 为 0，电机停转（为了避免"输出缺相"报警，可以设置 COnF>FULL>FLT（故障管理）>OPL-（输出缺相）>OPL>no，长按 2s 确认）
			电机正转，转速为 200r/min，动态数据表里监控到：
			
			名称 ··· 值
			☐ ATV320_MB
			  ATV320_MB.Freshness 1
			  ATV320_MB.Freshness_1 1
			  ATV320_MB.Freshness_2 1
			☐ ATV320_MB.Inputs
			  ATV320_MB.Inputs.ETA 1591
			  ATV320_MB.Inputs.RFRD 200
			☐ ATV320_MB.Outputs
			  ATV320_MB.Outputs.CMD 1
			  ATV320_MB.Outputs.LFRD 200

附	变频器故障复位方法	当变频器报故障后，如果故障原因已经消失，当被赋值的输入或位变为 1 时可以手动清除检测到的故障。下列检测到的故障可被手动清除：ASF、brF、bLF、CnF、COF、dLF、EPF1、EPF2、FbES、FCF2、InF9、InFA、InFb、LCF、LFF3、ObF、OHF、OLC、OLF、OPF1、OPF2、OSF、OtFL、PHF、PtFL、SCF4、SCF5、SLF1、SLF2、SLF3、SOF、SPF、SSF、tJF、tnF 与 ULF 操作方法： COnF>FULL>FLt（故障管理）>rSt-（故障复位）>rSF（故障复位）>LI4（逻辑输入 4，对应实验台的 LI4 旋转开关）	设置后，当变频器出现故障报警时，可通过 LI4 旋转开关复位

问题情境一：

问：假如你是一名自控系统调试工程师，原本已经调试好通信的变频器，重新上电后，通信不上了，应该如何解决？

答：将计算机连到变频器的网络中，试着去 PING 变频器的 IP 地址，如果 PING 不通，检查变频器的通信参数，IP 地址模式是否设为固定（[IP mode]（ipM）>[Fixed]（MAnU）），如果变频器 IP 地址模式为 DHCP，ControlExpert 中此设备的 DHCP 服务器禁用，则变频器重新上电后，会发生没有 IP 地址的情况。

问题情境二：

问：现场需要增加一台变频器与 PAC 通信，请问在给变频器设置 IP 地址时应注意什么？

答：变频器的 IP 地址必须和与之通信的 PAC 网络模块在同一网段，并且不与同一网络中其他设备的 IP 地址重复。

（四）学习成果评价

序号	评价内容	评价标准	评价结果（是/否）
1	变频器 IP 设置	正确设置 ATV320 变频器的 IP 相关参数	
2	DTM 文件安装	ATV320 变频器 DTM 文件更新到库	
3	软件配置	DTM 配置及下载	
4	通信测试	通过 Modicon M580 控制电机运转	

五、课后作业

1. 请在 Modicon M580 中编写一段程序，起动电机后，控制电机以 200r/min 运行 1min，再以 500r/min 运行 1min，然后自动停止运行。

2. 如果通信不正常，应从哪几个方面查找并排除故障？

_____

_____

_____

_____

_____

职业能力 3.1.3　正确实现 Modicon M580 与分布式 I/O 的通信

一、核心概念

在组建自动化系统时，通常将过程的输入和输出集中集成到该自动化系统中。如果输入和输出远离控制器 CPU，将需要铺设很长的电缆，这样不易实现，并且可能因为电磁干扰而使得可靠性降低。分布式 I/O 设备便是这类系统的理想解决方案，即控制主机 CPU 位于中央位置，而 I/O 设备（输入和输出）在本地分布式运行，同时通过功能强大的以太网高速数据传输能力，可以确保控制 CPU 和 I/O 设备之间稳定、顺畅地进行通信。

Modicon STB 是一款支持多种网络总线通信协议、灵活配置、模块化的分布式 I/O 系统。

二、学习目标

（一）正确地识别分布式 IO 网络接口模块及其他模块

（二）掌握如何配置使用 Modicon STB 分布式 I/O

（三）正确地实现 STB 与 Modicon M580 的通信

三、基础知识

（一）模块概述

1. 网络接口模块 STBNIP2311

Modicon STB 分布式 I/O 系统是一个开放的模块化输入/输出系统，如图 3-39 所示。通过现场总线或者工业以太网，Modicon STB 组成的自动化岛可以由各种类型的 PLC/PAC 来控制。

每个自动化岛需要 1 个网络接口模块，安装在整个自动化岛的最左边位置，从功能上说，它是通往整个自动化岛总线的入口，也就是说，岛与主机的通信都必须经由这个网络接口模块，这个模块还集成了电源，为自动化岛上的模块工作提供逻辑电源。

STBNIP2311 是一个双端口的 Modbus TCP 工业以太网接口模块，如图 3-40 所示。

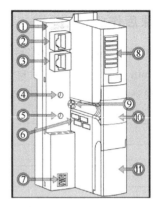

图 3-39　Modicon STB 分布式 I/O 自动化岛外观图　　图 3-40　Modbus TCP 工业以太网接口模块图

图 3-40 中模块上数字说明如下：

①	MAC ID	STBNIP2311 模块的 MAC 地址
②	以太网端口 1	STBNIP2311 模块的以太网端口
③	以太网端口 2	
④	上旋转拨码开关	使用上、下旋转拨码开关： • 通过 BootP 或 DHCP 方式分配 IP 地址
⑤	下旋转拨码开关	• 使用已存储的 IP 地址或默认 IP 地址进行分配 • 清除 IP 参数
⑥	记录 IP 位置	记录分配给 STBNIP2311 的 IP 地址
⑦	电源接头	连接外部 DC 24V 电源给 STBNIP2311 供电
⑧	LED	指示岛的工作状态
⑨	紧固螺钉	转动这个螺钉从 DIN 导轨上固定/取下模块
⑩	存储卡卡槽	插入存储卡
⑪	CFG 端口盖板	抬起盖板，下面是 CFG 配置接口、RST 复位按钮

　　STBNIP2311 的以太网端口为 10/100 Base-T 接口，RJ-45 母头。建议连接 STBNIP2311 时，使用 CAT5（category 5）屏蔽网线。网络接口模块网络接口如图 3-41 所示。

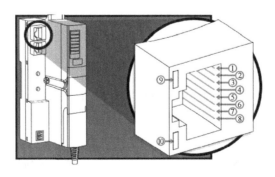

图 3-41　网络接口模块网络接口示意图

　　图 3-41 中针脚定义及 LED 指示如下：

引脚	描述			
①	tx+			
②	tx−			
③	rx+			
④	预留			
⑤	预留			
⑥	rx−			
⑦	预留			
⑧	预留			
LED	名称	模式	描述	
⑨	LINK(绿)	闪烁或常亮	100Base-T 激活：使用100Base-T传输或接收数据包	
	LINK(黄)	闪烁或常亮	10Base-T 激活 ：使用10Base-T传输或接收数据包	
	LINK	不亮	没有激活　没有以太网通信	
⑩	ACT(绿)	闪烁	以太网链路激活	
		不亮	以太网链路没有激活	

旋钮拨码开关如图 3-42 所示。

上旋钮拨码开关表示十位，有效数字为 0~15，下旋钮拨码开关表示个位，有效数字为0~9，两者组成 0~159 之间的数值，构成设备名称的组成部分。例如：如图 3-42 所示，十位拨到 12，个位拨到 3，该网络接口模块的设备名称为 STBNIP2311_123，模块据此从 DHCP 服务器获取 IP 地址。

拨到 BOOTP，模块从 BOOTP 服务器获取 IP 地址。

拨到 STORED，模块的 IP 地址由网页或者配置软件设置。

LED 显示示意图如图 3-43 所示。

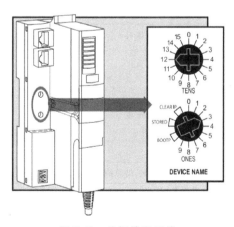

图 3-42　旋钮拨码开关

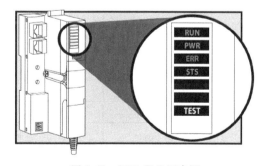

图 3-43　LED 显示示意图

闪（稳定）：交替亮 200ms，灭 200ms。

闪：2：闪 2 次（亮 200ms，灭 200ms，亮 200ms），然后灭 1s。

闪：N：闪 N 次，然后灭 1s。

标签、状态的含义如下：

标签	状态	含义
PWR(绿色)	常亮	内部电压都在或高于其最小电压水平
	灭	一个(或多个)内部电压低于最低电压水平
STS(绿色)	常亮	STBNIP2311工作正常
	闪(稳定)	以太网初始化
	闪:2	没有有效的IP地址(例如:旋钮拨到Clear IP之后)
	闪:3	没用
	闪:4	检测到重复IP地址
	闪:5	正在从DHCP或者BOOTP服务器获取IP地址
	闪:6	使用默认的IP地址

RUN(绿色)	ERR(红色)	TEST(黄色)	含义
闪:2	闪:2	闪:2	岛上电自检
灭	灭	灭	岛正在初始化,还没有开始工作
闪:1	灭	灭	岛被RST按钮复位到预处理状态,还没有开始工作
		闪:3	从内存卡读取配置
		亮	正在用卡的配置数据覆盖闪存
灭	闪:8	灭	内存卡的内容无效
闪(稳定)	灭	灭	接口模块正在配置岛总线,还没有开始工作
闪	灭	亮	自动配置数据已经写入闪存
闪:3	闪:2	灭	上电后检测到配置不匹配,还没有开始工作
灭	闪:2	灭	接口模块在模块分配中检测到错误,还没有开始工作
	闪:5		内部触发协议无效
灭	闪:6	灭	接口模块没有在岛总线上检测到I/O模块
灭	闪(稳定)	灭	没有进一步的通信,可能原因有: • 内部条件 • 错误模块ID • 设备没有自动寻址 • 强制模块配置不正确 • 接口模块检测到岛总线异常 • 接收/发送队列软件溢出
亮	灭	灭	岛总线可用
亮	闪:3	灭	至少有1个标准模块不匹配,岛总线在配置不匹配下运行
亮	闪:2	灭	存在严重的配置不匹配(当从运行的岛中拔出模块时)。由于1个或多个强制模块不匹配,岛总线现在处于预处理模式
闪:4	灭	灭	岛总线停止(当从运行的岛中拔出模块时),没有进一步通信
灭	亮	灭	内部条件:接口模块不工作
任意	任意	亮	测试模式使能:配置软件可以设置输出

2. 电源分配模块STBPDT3100

STBPDT3100电源分配模块用于将现场电源分配给该段上的I/O模块,它分配传感器和执行器电源，并提供过电流保护。该模块需要外接 DC 24V，上面端子块连接传感器电源，下面端子块连接执行器电源，在执行器电源连接线路上可选接入保护继电器。电源分配模块接口示意图如图3-44所示。

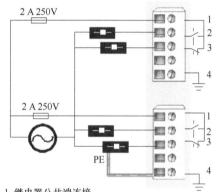

STB PDT 3100

1. DC +24 V+传感器总线电源
2. DC 24 V传感器总线电源
3. DC +24 V+执行器总线电源
4. DC −24 V执行器电源返回

图 3-44 电源分配模块接口示意图

3. 离散量输入模块 STBDDI3420

STBDDI3420 是 4 通道 DC 24V 离散量输入模块。传感器 1 和 2 连接到上面的端子块，传感器 3 和 4 连接到下面的端子块。连接三线制或两线制传感器的接线如图3-45 所示。

4. 继电器输出模块 STBDRC3210

STBDRC3210 是 2 通道继电器输出模块。继电器输出 1 连接到上面的端子块，继电器输出 2 连接到下面的端子块。接线图如图3-46 所示。端子 2 提供常开触点输出信号，端子 3 提供常闭触点输出信号。

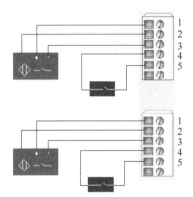

1. DC 24V+接传感器(上面端子给传感器1，下面端子给传感器3)
2. 传感器输入(上面端子传感器1，下面端子传感器3)
3. 现场电源返回(上面端子从传感器1，下面端子从传感器3)
4. DC 24V+接传感器(上面端子给传感器2，下面端子给传感器4)
5. 传感器输入(上面端子传感器2，下面端子传感器4)

图 3-45 STBDDI3420 模块接线图

1. 继电器公共端连接
2. N.O.(常开触点)连接
3. N.C.(常闭触点)连接
4. PE现场设备接地连接点(下面端子)

图 3-46 STBDRC3210 模块接线图

（二）设置网络接口模块 STBNIP2311 的 IP 地址

作为 TCP/IP 网络上的节点，STBNIP2311 需要具有 1 个有效的 IP 地址来实现通信。IP 地址获取的方式有如下几种：

1. 由网络地址服务器分派 IP 地址（DHCP 或者 BOOTP）

如果模块上的下旋钮拨码开关拨到数字位置，则通过 DHCP 方式从网络 DHCP 地址服务器获取 IP 地址，设备名称为 STBNIP2311_×××，×××代表上、下拨码组成的数字（001～159）。

如果模块上的下旋钮拨码开关拨到 BOOTP，则通过 BOOTP 服务器获取 IP 地址。

2. 用户使用 STBNIP2311 的网页自定义

网页设置 IP 地址如图3-47 所示。

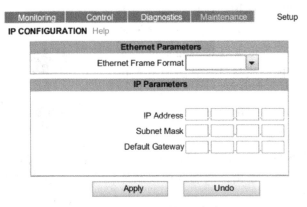

图 3-47　网页设置 IP 地址

3. 用户使用 Advantys 配置软件自定义

4. 基于 MAC 地址的默认 IP 地址

STBNIP2311 模块默认 IP 地址为 10.10.x.y，x，y 来源于 MAC 地址最后两个字节，将这两个字节的数字 16 进制转成 10 进制得到。

STBNIP2311 模块获取 IP 地址将执行一系列的检测，获取 IP 地址检测流程如图 3-48 所示。

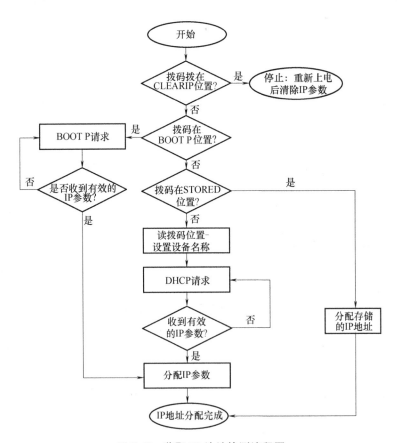

图 3-48　获取 IP 地址检测流程图

固定 IP 地址流程如图 3-49 所示。

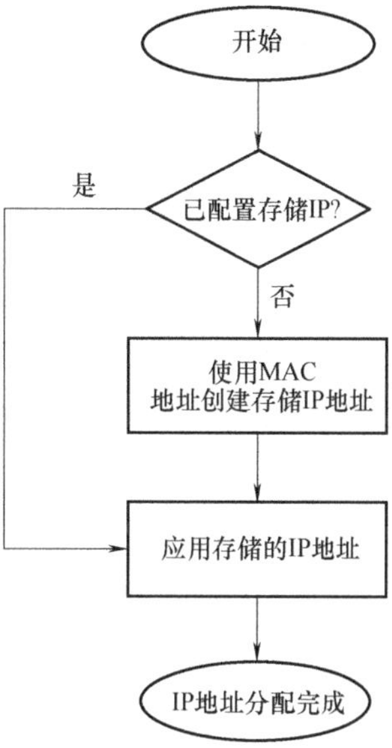

四、能力训练

（一）操作条件

1. 正确安装 Control Expert 编程软件。

2. 正确安装 Advantys 配置软件。

3. 正确使用电工基本工具并进行简单操作，正确使用电工测量工具并进行电路通断测量。

4. 熟悉施耐德电气 Modicon M580 实验台布局。

（二）安全及注意事项

1. 遵守用电安全基本准则，通电时应注意安全防护，保证人员安全。

2. 接通电源后，严禁用手或导体触摸各电气元件及接线端子，以免触电。

3. 按步骤规范操作，保证设备安全。

4. 完成实验后，应清点工具，关断实验台电源，整理实验台，恢复实验台原样。

图 3-49 固定 IP 地址流程图

（三）操作过程

序号	步骤	操作方法及说明	质量标准
1	网络连接	根据实验网络架构图连接网络 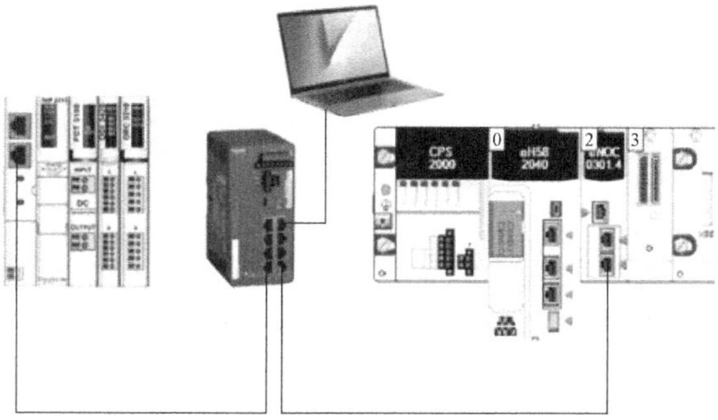	网络连接完成
2	STB 获取 IP 地址设置	使用 DHCP 服务器给 STB 分派 IP 地址,将 STBNIP2311 模块左边的旋钮拨码开关拨到数字,上旋钮为 2,下旋钮为 3,即构成设备名:STBNIP2311_023	拨码到位: 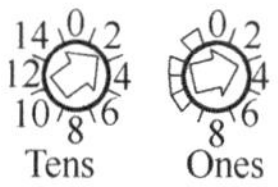 Tens Ones

（续）

序号	步骤	操作方法及说明	质量标准
3	添加设备	Control Expert 软件，菜单"工具"→"DTM 浏览器"：  选中 BME_NOC0311，右键菜单"添加"： 协议选中"Modbus over TCP"，添加"STB NIP2x1x"设备： DTM 名称修改为"STBNIP2311"： 单击"OK"	添加 STBNIP2311 设备完成：

（续）

序号	步骤	操作方法及说明	质量标准
4	STB 配置	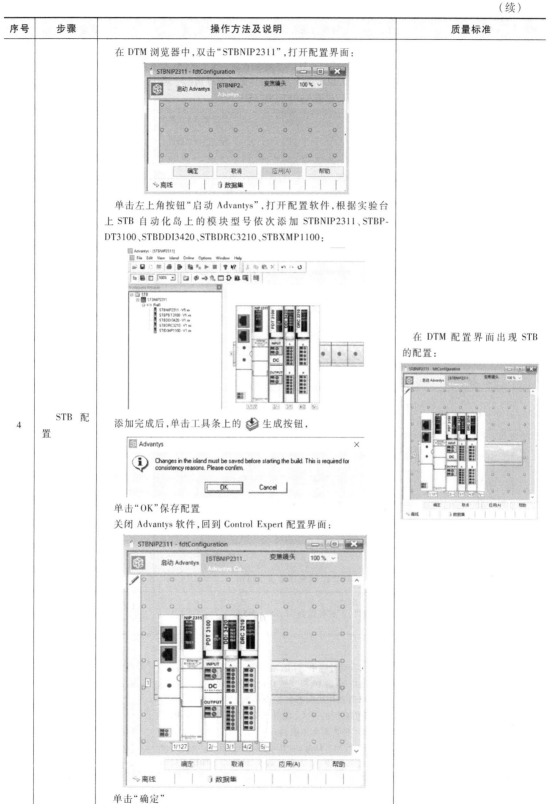	在 DTM 配置界面出现 STB 的配置：

在 DTM 浏览器中，双击"STBNIP2311"，打开配置界面：

单击左上角按钮"启动 Advantys"，打开配置软件，根据实验台上 STB 自动化岛上的模块型号依次添加 STBNIP2311、STBP-DT3100、STBDDI3420、STBDRC3210、STBXMP1100：

添加完成后，单击工具条上的 生成按钮，

单击"OK"保存配置

关闭 Advantys 软件，回到 Control Expert 配置界面：

单击"确定"

（续）

序号	步骤	操作方法及说明	质量标准
5	IP 地址设置	Control Expert 软件，DTM 浏览器中，双击"BME_NOC0311"，点开"设备列表"，选中"STBNIP2311"，"地址设置"选项页，填入 STB 的 IP 地址：192.168.12.6，地址服务器："此设备的 DHCP"选择为"已启用"，"标识符"栏填入："STBNIP2311_023" 单击"确定"	DHCP 方式分配 IP 地址设置完成
6	查看通信变量	Control Expert 软件，打开"变量和 FB 实例"，查看自动生成的 STB 通信变量： 这些变量在 Modicon M580 的程序中直接可用	查看到 STB 通信变量
7	下载程序	重新生成所有项目、下载程序到 Modicon M580	程序下载完成，Modicon M580 正常运行
8	通信测试	1. STB 重新上电，自检过程中，打开 NIP 模块前面下方的盖子，按住 RESET 按钮保持 3s 以上，以实现自我识别 I/O 配置 2. 在 Modicon M580 程序的动态数据表中监控结构变量"STBNIP2311"，拨动 DI 仿真板的开关，观察 STBNIP2311.Inputs.ID3_Input_Data 的值，显示格式设为二进制； 将输出变量 STBNIP2311.Outputs.ID4_Output_Data 显示格式设为二进制显示，修改第 0 位、第 1 位的值为 1，改变 STBDRC3210 模块通道的输出值	动态数据表监控到： STBDRC3210 模块上的通道 LED 灯及 DO 仿真板的灯相应点亮

问题情境一：

问： 现场发现 Modicon M580 与 STB 没有通信上，观察 STB 岛的接口模块 STBNIP2311，发现模块上 STS LED 灯连续闪 5 次，停顿一会儿，再连续闪 5 次，请问是什么情况，如何处理？

答： STBNIP2311 模块上 STS LED 灯连续闪 5 次，表示模块一直正在试图从 DHCP 或者 BOOTP 服务器获取 IP 地址，没有获取到。

所以我们在确定网络连接正确的前提下，应检查双方的 DHCP 配置：

1. 检查 STBNIP2311 模块上的旋钮开关位置数字是否正确，是否拨到位。

2. 检查 Modicon M580 NOC 模块的 DHCP 配置是否正确，尤其是标识符的格式 "STBNIP2311_×××"，×××代表 STBNIP2311 模块上的旋钮开关位置数字，前两位代表十位旋钮拨码开关位置对应的数字，最后一位代表个位旋钮拨码开关位置对应的数字，如图 3-50 所示。

3. 检查无误后，对 STBNIP2311 重新上电。

问题情境二：

问： 如果现场更换了不同型号的 STB I/O 模块，除了软件中要做相应的修改外，还需要做什么工作？

答： 如果一个自动化岛上更换了不同型号的 STB I/O 模块，需要重新 RESET，以识别新的模块，实现自动配置，或者将更改好的软件配置下载到接口模块中。

问题情境三：

图 3-50 **Modicon M580 NOC 模块配置**

问： 现场使用的 STBNIP2311 网络接口模块有故障需要更换时，请问需要做哪些工作？

答： 1. 确定新模块的型号与老模块的型号是否一致；

2. 查看老模块左边的旋钮拨码开关，将新模块的旋钮拨码开关位置拨到和老模块一致；

3. 正确拆下老模块、安装新模块，重新上电，模块自检过程中，按下 RESET 按钮保持 3s 以上，以识别 I/O 模块，实现自动配置，或者将软件配置下载到接口模块中。

（四）学习成果评价

序号	评价内容	评价标准	评价结果(是/否)
1	DHCP 设置	正确设置 DHCP 方式分配 IP 地址	
2	STB 模块	正确识别 STB 各模块功能	
3	STB 配置	正确配置 STB	
4	Modicon M580 通信配置	正确配置 M580 通信	
5	通信	实现 STB 与 Modicon M580 之间的通信	

五、课后作业

Modicon STB 分布式 I/O 网络接口模块获取 IP 地址的方式有哪几种？为什么我们建议在实际现场应用中，通过 DHCP 的方式来获取 IP 地址？

_____

_____

_____

职业能力 3.1.4　正确实现 Modicon M580 与 RFID 的通信

一、核心概念

（一）RFID

射频识别（Radio Frequency Identification，RFID）是自动识别技术的一种，通过无线射频方式进行非接触双向数据通信，利用无线射频方式对记录媒体（电子标签或射频卡）进行读写，从而达到识别目标和数据交换的目的。RFID 的应用非常广泛，典型应用有动物晶片、汽车晶片防盗器、门禁管制、停车场管制、生产线自动化和物料管理。

一套完整的 RFID 系统，是由阅读器与电子标签也就是所谓的应答器及应用软件系统三个部分组成，其工作原理是阅读器（Reader）发射一个特定频率的无线电波能量，用以驱动电路将内部的数据送出，此时 Reader 便依序接收解读数据，送给应用程序做相应的处理。

（二）Modbus

Modbus 是一种串行通信协议，是 Modicon 公司（现在的施耐德电气 Schneider Electric）于 1979 年为使用可编程序控制器（PLC）通信而发表。Modbus 已经成为工业领域通信协议的业界标准。

Modbus 协议是一个主/从架构的协议。有一个节点是主站节点，其他使用 Modbus 协议参与通信的节点是从站节点。每一个从站设备都有一个唯一的地址。一个 Modbus 命令包含了打算执行的设备的 Modbus 地址。所有设备都会收到命令，但只有指定位置的设备会执行及回应指令（地址 0 例外，指定地址 0 的指令是广播指令，所有收到指令的设备都会运行，不过不回应指令）。

二、学习目标

（一）正确识别 RFID 无线射频识别系统

（二）了解 Modbus 通信原理

（三）掌握如何配置 Link150 网关模块

（四）正确实现 RFID 与 Modicon M580 的通信

三、基础知识

（一）RFID 系统

实验台上使用的 RFID 系统是 XGCS4901201 识别系统 Reader 工作站 + XGHB90E340P RFID 载码卡，如图 3-51 所示。

XGCS4901201 识别系统 Reader 工作站集成 Modbus 通信。

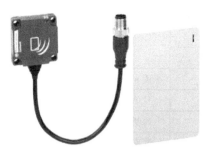

图 3-51　XGCS4901201+ XGHB90E340P

Modbus 通信参数：

参数	值
Mode	RTU
Parity	自动检测（even、odd、none）
Stop bit	1
Data bit	8
Data rate	自动检测（9600..115200 bauds）

配置智能天线网络地址（1~15）：

步骤	动　　作	结　　果
1	启动智能天线 等待 5s	智能天线自检
2	将配置卡放置在智能天线前 计数闪光的次数	TAG LED 红灯闪烁 发出的每一个红色闪光都对应网络地址的一个增量
3	当到达所需的网络地址时，拿开配置卡	TAG LED 闪烁绿色。绿色闪烁的次数对应于刚刚配置的网络地址 然后可以在第 2 步重新启动配置
4	将"正常"（XGHB）标签放在智能天线	确认并保存已配置的网络地址

寄存器区域分为两个区域：标签记忆区、智能天线存储区，所使用的保持型 Modbus 寄存器地址区域定义如图 3-52 所示。

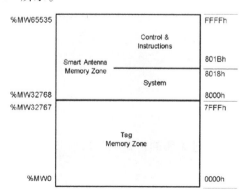

图 3-52　Modbus 寄存器地址区域定义

支持的 Modbus 功能码如下：

功能码		请 求 类 型
Hex.	Dec.	
3	3	读 n 个寄存器（1≤n≤123）
6	6	写单个寄存器
8	8	诊断
B	11	读事件计数
10	16	写 n 个寄存器
2B	43	ID

（二） 以太网网关 Link150

以太网网关 Link150（见图 3-53）是一种可在以太网（Modbus TCP/IP）和 Modbus 串行线路设备之间提供连接，从而使 Modbus TCP/IP 客户端能够访问串行从站设备信息的设备。它还允许串行主站设备访问来自于以太网网络上所分布的从站设备的信息。

以太网网关 Link150 的硬件特性如图 3-54 所示。

Ⓐ：ETH1：以太网 1 通信端口；

Ⓑ：ETH2：以太网 2（以太网供电 POE）通信端口；

Ⓒ：DC 24V 电源端子块；

Ⓓ：以太网通信 LED；

图 3-53　以太网网关 Link150

顶视图　　　　　　正视图　　　　　　底视图

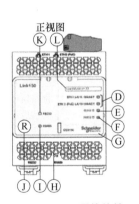

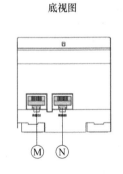

图 3-54　Link150 硬件特性

Ⓔ：模块状态 LED；

Ⓕ：网络状态 LED；

Ⓖ：可密封的透明盖子；

Ⓗ：IP 复位按钮；

Ⓘ：RS485 流量状态 LED；

Ⓙ：设备软重启按钮（可通过关闭的护盖触及）；

Ⓚ：RS232 流量状态 LED；

Ⓛ：设备名称标签；

Ⓜ：RS232 端口；

N：RS485 端口；

以太网状态 LED：以太网双色 LED 指示以太网端口 ETH1 和 ETH2 的通信状态。

LED 指示	状态指示	LED 指示	状态指示
黄色	10Mbit/s 连接	绿色	100Mbit/s 连接
黄灯闪烁	10Mbit/s 活动	绿灯闪烁	100Mbit/s 活动

模块状态 LED：模块状态双色 LED 指示以太网网关 Link150 的模块状态。

LED 指示	状态指示	LED 指示	状态指示
灭	未通电	绿灯闪烁(500ms 亮,500ms 灭)	固件损坏
绿灯常亮	设备工作中	红灯闪烁	降级模式
红灯常亮	停止运行	绿灯/红灯交替闪烁(250ms 绿灯,250ms 红灯)	自检

网络状态 LED：网络状态双色 LED 指示以太网网关 Link150 的网络状态。

LED 指示	状态指示	LED 指示	状态指示
灭	未通电或者没有 IP 地址	绿灯/红灯交替闪烁(250ms 绿灯,250ms 红灯)	自检
绿灯常亮	IP 地址有效		
红灯常亮	IP 地址重复	琥珀色灯亮	IP 配置错误或默认 IP 地址

RS232 流量 LED：RS232 串行线路流量黄色 LED 表明流量正在通过以太网网关 Link150 在 RS232 串行线路网络上传输或接收。该 LED 会在传输和接收消息时闪烁。在其他情况下，该 LED 呈熄灭状态。

RS485 流量 LED：RS485 串行线路流量黄色 LED 表明流量正在通过以太网网关 Link150 在 RS485 串行线路网络上传输或接收。该 LED 会在传输和接收消息时闪烁。在其他情况下，该 LED 呈熄灭状态。

IP 复位按钮：当 IP 复位按钮被按下 1~5s 时，IP 采集模式将被复位为出厂默认设置（DHCP）。

出厂复位：当 IP 复位按钮被按下 10~15s 时，所有用户可配置性信息将被复位为出厂默认设置。

设备软重启按钮：按下设备软重启按钮 10~15s 即可软重启 Link150。

（三）Modbus 集线器 LU9GC3

实验台上使用的 Modbus 集线器 LU9GC3 如图 3-55 所示，提供 Modbus 总线的连接。

四、能力训练

（一）操作条件

1. 正确安装 Control Expert 编程软件。

2. 正确使用电工基本工具并进行简单操作，正确使用电工测量工具并进行电路通断测量。

图 3-55　Modbus 集线器 LU9GC3

3. 熟悉施耐德电气 Modicon M580 实验台布局。

（二）安全及注意事项

1. 遵守用电安全基本准则，通电时应注意安全防护，保证人员安全。

2. 接通电源后，严禁用手或导体触摸各电气元件及接线端子，以免触电。

3. 按步骤规范操作，保证设备安全。

4. 完成实验后，应清点工具，关断实验台电源，整理实验台，恢复实验台原样。

（三）操作过程

序号	步骤	操作方法及说明	质量标准
1	网络连接	根据实验网络架构图连接网络： 	完成网络连接
2	进入Link150网关主页	断开本地 PC 与所有网络（局域网）的连接，并关闭 Wi-Fi（如有）启动网页浏览器，在地址栏输入 Link150 的 IP 地址，回车，进入 Link150 的登录界面 键入用户名和密码并打开主页。默认的用户名：Administrator，密码：Gateway，单击 Login，进入以下界面：	主页显示在浏览器中

（续）

序号	步骤	操作方法及说明	质量标准
3	Link150以太网配置	点开"Settings">"Communication"界面,在界面左边配置选项中选中"IP Configuration",进入 IP 配置界面,在 IPv4 条项下,选中 Manual,键入 Link150 的 IP 地址:192.168.12.5,子网掩码:255.255.0.0 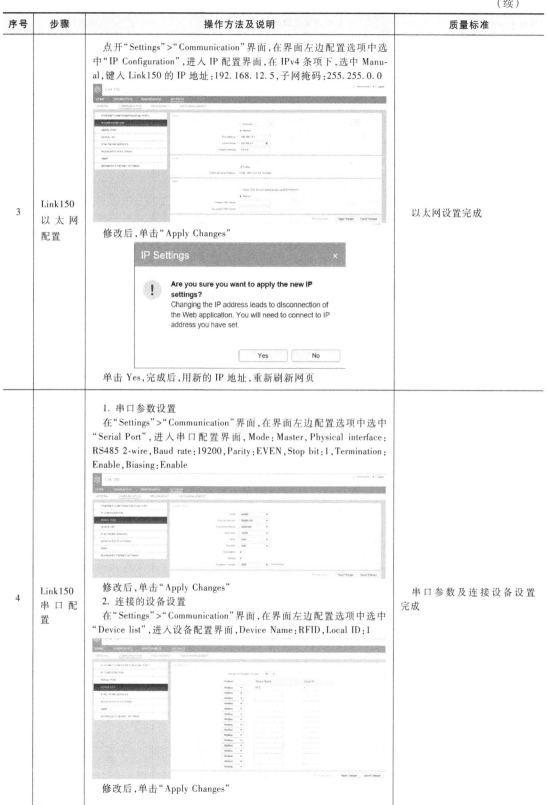 修改后,单击"Apply Changes" 单击 Yes,完成后,用新的 IP 地址,重新刷新网页	以太网设置完成
4	Link150串口配置	1. 串口参数设置 在"Settings">"Communication"界面,在界面左边配置选项中选中"Serial Port",进入串口配置界面,Mode:Master,Physical interface:RS485 2-wire,Baud rate:19200,Parity:EVEN,Stop bit:1,Termination:Enable,Biasing:Enable 修改后,单击"Apply Changes" 2. 连接的设备设置 在"Settings">"Communication"界面,在界面左边配置选项中选中"Device list",进入设备配置界面,Device Name:RFID,Local ID:1 修改后,单击"Apply Changes"	串口参数及连接设备设置完成

（续）

序号	步骤	操作方法及说明	质量标准
5	添加设备	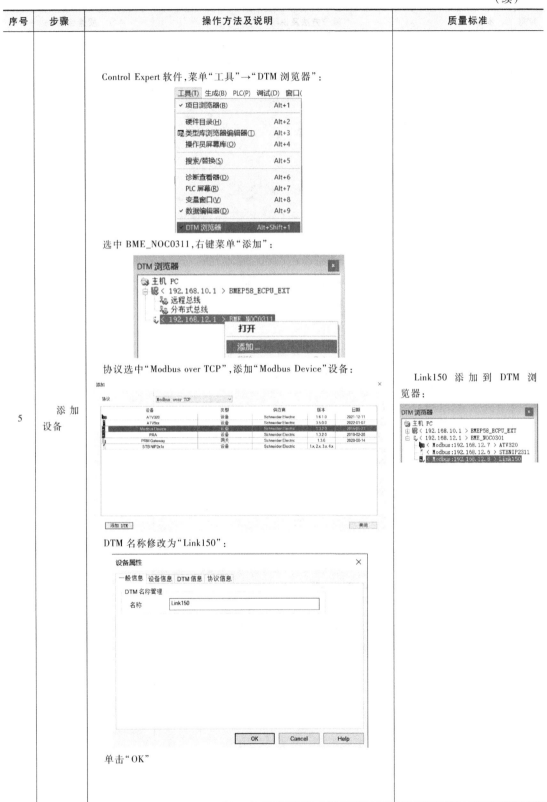	Link150 添加到 DTM 浏览器：

（续）

序号	步骤	操作方法及说明	质量标准
6	地址设置	Control Expert 软件,DTM 浏览器中,双击"BME_NOC0311",点开"设备列表",选中 Link150,"地址设置"选项页,填入 Link150 的 IP 地址:192.168.12.5,地址服务器:此设备的 DHCP 选择为"已禁用": 单击"应用"	通信地址设置完成
7	请求设置	点开"请求设置"选项页,单击"添加请求",单元 ID:1,读取地址:32768,读取长度:2,读取 RFID 的状态信息,以确定 Tag 是否存在 再单击"添加请求",单元 ID:1,写入地址:0,写入长度:3,写 3 个 INT 值到 Tag,读取地址:0,读取长度:3,将 Tag 值读取到 Modicon M580 单击"确认"	通信请求设置完成

（续）

序号	步骤	操作方法及说明	质量标准
8	通信变量类型转换及名称定义	在"设备列表"中，选中 Link150 下面的"请求 001 项目"，在"输入"选项页中同时选中 0~1 行，单击"定义项目"，在弹出的"项目名称定义"页，"新项目数据类型"选择"INT"，项目名称键入"Status"： 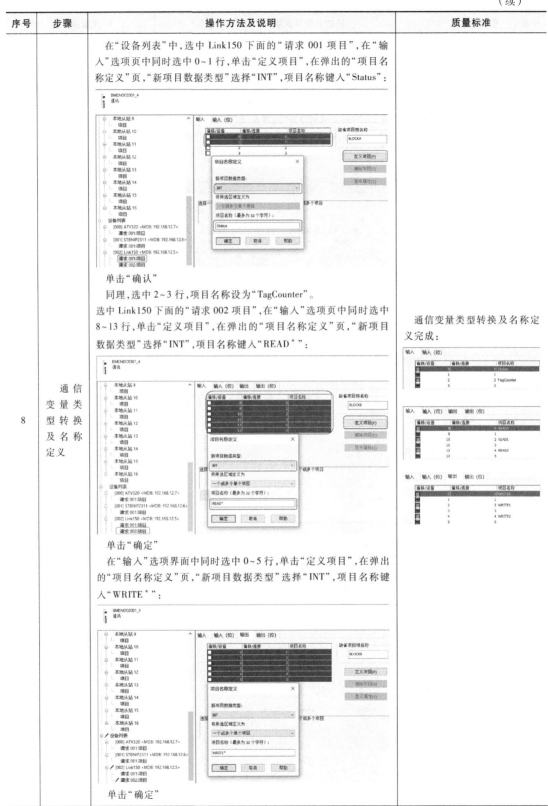 单击"确认" 同理，选中 2~3 行，项目名称设为"TagCounter"。 选中 Link150 下面的"请求 002 项目"，在"输入"选项页中同时选中 8~13 行，单击"定义项目"，在弹出的"项目名称定义"页，"新项目数据类型"选择"INT"，项目名称键入"READ＊"： 单击"确定" 在"输入"选项界面中同时选中 0~5 行，单击"定义项目"，在弹出的"项目名称定义"页，"新项目数据类型"选择"INT"，项目名称键入"WRITE＊"： 单击"确定"	通信变量类型转换及名称定义完成：

（续）

序号	步骤	操作方法及说明	质量标准
9	查看通信变量	Control Expert 软件，打开"变量和 FB 实例"，查看自动生成的 Link150 下面连接的串口设备通信变量： 变量　DDT 类型　功能块　DFB 类型 过滤器　▼　🔧　名称 ≡ L* 名称　类型　值　注释 Link_150　T_Link_150 　Freshness　BOOL　Global Freshness 　Freshness_1　BOOL　Freshness of Object 　Freshness_2　BOOL　Freshness of Object 　Inputs　T_Link_150_IN　Input Variables 　　Status　INT 　　TagCounter　INT 　　READ0　INT 　　READ1　INT 　　READ2　INT 　Outputs　T_Link_150_OUT　Output Variables 　　WRITE0　INT 　　WRITE1　INT 　　WRITE2　INT	查看到通信变量
10	下载程序	重新生成所有项目、下载程序到 Modicon M580	程序下载完成，Modicon M580 正常运行
11	通信测试	将 Tag 放置在 RFID 的感应面，在 Modicon M580 程序的动态数据表中监控结构变量"Link150"，在 Link150.Outputs 中修改变量 WRITE0～2 的值，观察 Link150.Inputs 中变量 READ0～2 的变化	Link150.Inputs.READ* 显示的是 Modicon M580 写入 RFID 的数值

问题情境一：

问：在做能源管理项目时，管理系统需要采集现场仪表的数据，现场仪表提供 RS485 接口，但是管理系统只支持以太网通信，请问如何解决这个问题？

答：首先应了解清楚双方能够支持的通信协议类型。以太网和 RS485 都是泛称，管理系统的以太网具体支持是哪些协议（例如 Modbus TCP……），现场仪表的 RS485 接口支持哪种协议（例如 Modbus……），两者的协议不统一，就不方便直接通信。我们可以使用网关设备进行通信协议转换，选择一款能转换两者支持协议的网关设备，就可以实现管理系统和现场仪表的通信。

问题情境二：

问：如果你不知道 Link150 网关的 IP 地址，应该如何处理这个问题？

答：1. 如果是全新未配置的 Link150 网关，断开计算机与局域网的连接，如果有 Wi-Fi，关闭 Wi-Fi，将计算机与 Link150 直接网线相连，关闭计算机的防火墙，打开资源管理器，单击"网络"，在设备列表中发现 Link150-XXYYZZ，选中双击，即可打开网页浏览器登录界面。如果计算机没有 Discovery 到这个设备，则需要在网页浏览器中，手动输入设备的 IP 地址，Link150 的默认 IP 地址是 169.254.yy.zz，yy.zz 是 MAC 地址的最后 2 位数 16 进制转 10 进制。例如：MAC 地址 00-B0-D0-86-BB-F7，默认 IP：169.254.187.247。

2. 如果 Link150 已经配置过 IP 地址，可以通过 Wireshark 以太网抓包软件抓取 Link150 的 IP 地址。

操作方法：计算机通过网线直接连接到 Link150（先将其断电），开启 Wireshark 软件，然后开启抓取此固网接口收到的 ARP 报文；接着将 Link150 设备上电。上电后，Link150 就会向外发送 ARP 报文，ARP 报文携带自身的 IP 地址和 MAC 地址，于是就可以在 Wireshark

软件中抓取到此报文，查看到 Link150 设备的 IP 地址。

（四）学习成果评价

序号	评价内容	评价标准	评价结果（是/否）
1	Modbus 原理	了解 Modbus 通信的基本原理	
2	RFID 系统	正确识别 RFID 系统	
3	网关	了解网关的作用，掌握如何配置 Link150 网关	
4	Modicon M580 通信配置	能正确地配置 Modicon M580 通信	
5	通信	能实现 RFID 与 Modicon M580 之间的通信	

五、课后作业

1. 请编写一段程序，使用 Write-Var 功能块写数据到 RFID 载码卡，当触发功能块时，往卡里写入 5 个 LNT 类型的数据。这种方式可以实现有需求触发时才通信（非周期性）。

_____

_____

_____

2. 思考一下，如果通信不正常，如何排查故障？

_____

_____

_____

_____

_____

_____

职业能力 3.1.5 正确实现 Modicon M580 与 HART 仪表的通信

一、核心概念

HART（Highway Addressable Remote Transducer）协议是领先的通信技术，可用于智能过程测量和加工行业的控制。HART 以 Bell 202 FSK（贝尔 202 频移键控）标准为基础，在 4~20mA 模拟信号上叠加数字通信信号，如图 3-56 所示。

它通过具有 HART 功能的现场仪表和控制/监测系统之间的模拟导线传输数字信息，为工厂运营和优化提供宝贵的资产信息。

多年以来，过程自动化设备所使用的现场通信标准一直是毫安（mA）模拟量电流信号。多数应用中，毫安信号所代表的过程变量在 4~20mA 范围内变化。事实上，所有已安装的工厂仪表系统都使用这一国际标准与过程变量信息通信。

HART 现场通信协议扩展了 4~20mA 标准，以提高与智能测量和控制仪表的通信。作为过程控制演化中的主要一步，HART 协议正孕育着过程仪表功能的重要变革。

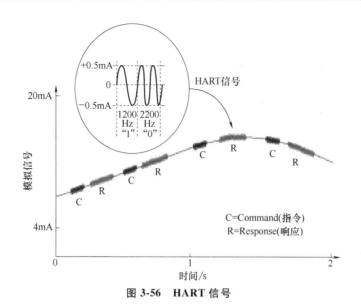

图 3-56　HART 信号

HART 协议允许与智能仪表的双向数字通信，同时不会扰乱 4~20mA 模拟量信号。4~20mA 模拟量和 HART 数字量通信信号可以在同一电缆上同时被传递。主要变量以及控制信号信息由 4~20mA（必要时）来传递，而额外的测量量、过程参数、设备组态、校验以及诊断信息通过 HART 协议在同一电缆上同时可以访问。不同于其他用于过程仪表的"开发"数字通信技术，HART 兼容现存系统。HART 信号类型如图 3-57 所示。

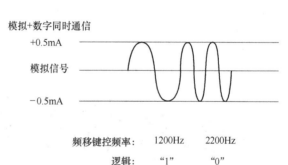

图 3-57　HART 信号类型

HART 是一个主/从协议，这意味着，只有当主设备发出信号时，现场（从）设备才会发送信号。一个 HART 网络内可以有两个主设备（第一主设备和第二主设备）与从设备通信。第二主设备，如手持编程器，几乎可以连接在网络的任何地方，其与现场设备的通信，不会干扰现场设备与第一主设备的通信。

典型的第一主设备是 DCS、PLC 或基于计算机的中央控制或监测系统。HART 系统如图 3-58 所示。

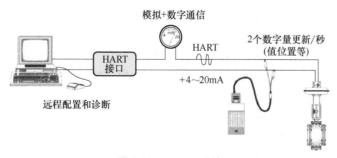

图 3-58　HART 系统

二、学习目标

（一） 了解 HART 协议基本原理

（二） 掌握如何配置 HART 模块

（三） 正确实现 HART 仪表与 Modicon M580 的通信

三、基础知识

（一） Modicon M580 HART 模块

为了 HART 功能仪表集成到完全透明的 EcoStruxure 以太网架构，Modicon M580 推出了两款 HART 模块：

- BME AHI 0812：8 通道模拟量输入；
- BME AHO 0412：4 通道模拟量输出。

这两款模块外观一致，如图 3-59 所示。

LED 面板用于显示模拟量和 HART 信道的状态，以及模块状态，如图 3-60 所示。

A0-A× LED 是单色（绿色）的，表示模拟量信道的状态。

H0-H× LED 是双色（绿色/红色）的，表示 HART 信道的状态。

RUNLED （单色：绿色） 和 ERR （错误）（单色：红色）表示模块状态。

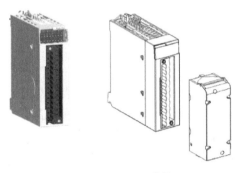

图 3-59 HART 模块

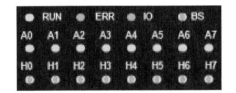 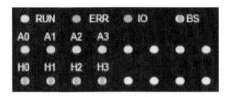

图 3-60 HART 模块 LED 显示

这两款集成 HART 的模拟量模块安装在 M580/X80 的以太网机架上，现场接线使用现有的终端块连接器 BMX FTB20 * 0。

X80 HART 模块作为 HART 多路复用器，协助 HART 现场仪表数据的传输，如图 3-61 所示。

多路复用器提供一对多的通信，在 HART 主设备（例如：PC 上的资产管理软件）和多个 HART 从设备（例如：HART 现场仪表）之间的通信。

多路复用器为 PLC 主机提供 HART 仪表数据。

HART 接口模块支持将 HART 仪表输入和输出数据项映射到 HART 多路复用器的过程映像。I/O 映射功能启用的数据项可由程序逻辑进行动态控制。

HART 模块各通道的 HART 功能可以关闭，以加快该通道的模拟量响应速度，关闭后，该通道的 HART modem 处于复位状态。

CH-Enable 报告和控制 HART 模块各通道的状态 （enabled 或 disabled）。

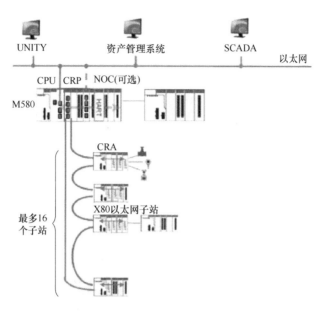

图 3-61　Modicon M580 HART 系统

（二）使用 Control Expert 软件配置 HART 和 BMEAHI0812 模块 BMEAH-O0412 模块的配置分为两个部分

1. 在 Control Expert 软件的模块传统配置界面管理模拟量信号，模拟量管理界面如图 3-62 所示。

图 3-62　模拟量管理界面

2. 通过 DTM 或者第三方软件（AMS/PACTWare）管理 HART 信息，HART 管理界面如图 3-63 所示。

四、能力训练

（一）操作条件

1. 正确安装 Control Expert 编程软件。

2. 正确使用电工基本工具并进行简单操作，正确使用电工测量工具进行电路通断测量。

3. 熟悉施耐德电气 Modicon M580 实验台布局，该实验网络架构如图 3-64 所示。

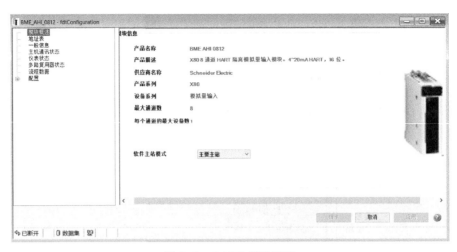

图 3-63　HART 管理界面

（二）安全及注意事项

1. 遵守用电安全基本准则，通电时应注意安全防护，保证人员安全。

2. 接通电源后，严禁用手或导体触摸各电气元件及接线端子，以免触电。

3. 按步骤规范操作，保证设备安全。

4. 完成实验后，应清点工具，关断实验台电源，整理实验台，恢复实验台原样。

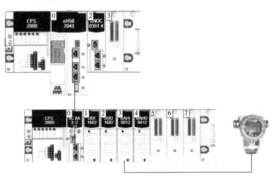

图 3-64　实验网络架构

（三）操作过程

序号	步骤	操作方法及说明	质量标准
1	添加模块到机架	Control Expert 软件，项目浏览器中，双击"2：EIOBUS"， 在打开的模块配置界面中，按照实验台上的 HART 模块位置，将 HART 模块添加到相应的槽位中： 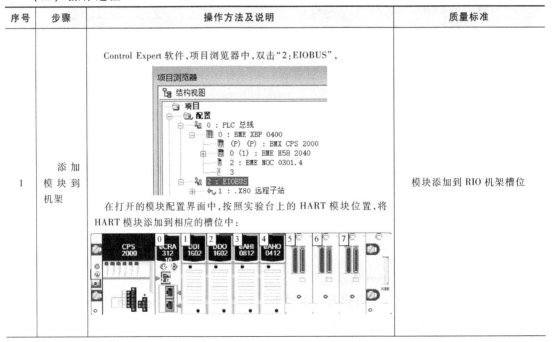	模块添加到 RIO 机架槽位

（续）

序号	步骤	操作方法及说明	质量标准
2	添加模块到DTM浏览器	 Control Expert 软件,菜单"工具"→"DTM 浏览器": 选中 BMEP58_ECPU_EXT,右键菜单"添加": 协议选中"EtherNet/IP",添加"BMEAHI0812"设备: DTM 名称:BME_AHI_0812: 单击"OK"	设备添加到 DTM 浏览器中:

（续）

序号	步骤	操作方法及说明	质量标准
3	DHCP 配置	DTM 浏览器中,双击"BMEP58_ECPU_EXT",打开配置界面,设备列表下选中"BMEAHI0812",点开"地址配置"选项界面,标识符填入"C001_03_AHI0812",分配 IP 地址:192.168.10.3: 设备名称标识符命名原则:机架标识_插槽编号_模块名称 机架标识:4 字符字段,Mx58:主本地机架;Cxxx:远程机架,xxx 代表 CRA 的 ID 插槽编号:模块在机架上的槽位号 模块名称:BMEAHI0812 模块的字符串 AHI0812 例如本例中:设备名称标识符 C001_03_AHI0812 代表 BMEA-HI0812 模块位于 1 号 CRA 远程机架的 3 号槽位中 单击"应用"	DHCP 分配 IP 地址配置完成
4	下载程序	重新生成所有项目、下载程序到 Modicon M580	程序下载完成,Modicon M580 正常运行
5	传输 HART 配置	将 PC 和 CPU、CRA 模块连接在一个网络中,在 DTM 浏览器里,选中 BMEAHI0814,右键菜单"连接": 连接后,再右键菜单:"设备菜单"→"附加功能"→"传输到 FDR 服务器":	DTM 下载完成

（续）

序号	步骤	操作方法及说明	质量标准
5	传输 HART 配置	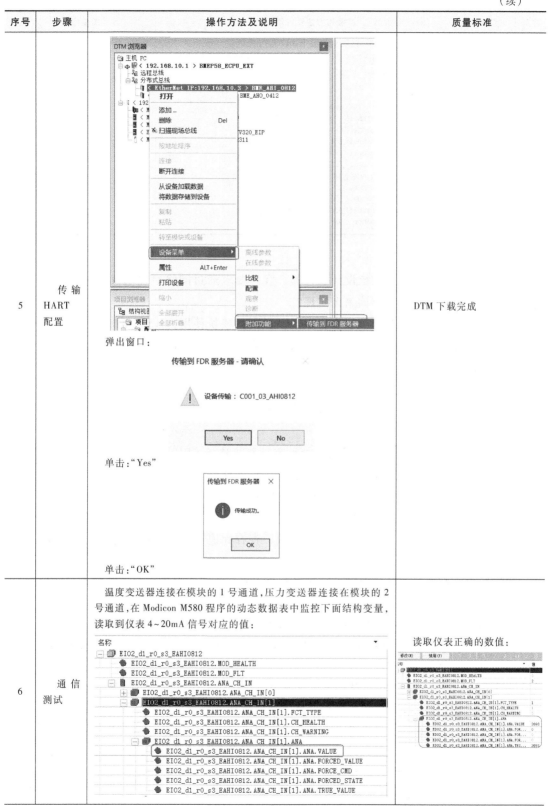 弹出窗口： **传输到 FDR 服务器 - 请确认** 设备传输：C001_03_AHI0812 Yes　No 单击："Yes" **传输到 FDR 服务器** 传输成功。 OK 单击："OK"	DTM 下载完成
6	通信 测试	温度变送器连接在模块的 1 号通道，压力变送器连接在模块的 2 号通道，在 Modicon M580 程序的动态数据表中监控下面结构变量，读取到仪表 4~20mA 信号对应的值： 名称 EIO2_d1_r0_s3_EAHI0812 　EIO2_d1_r0_s3_EAHI0812.MOD_HEALTH 　EIO2_d1_r0_s3_EAHI0812.MOD_FLT 　EIO2_d1_r0_s3_EAHI0812.ANA_CH_IN 　　EIO2_d1_r0_s3_EAHI0812.ANA_CH_IN[0] 　　EIO2_d1_r0_s3_EAHI0812.ANA_CH_IN[1] 　　　EIO2_d1_r0_s3_EAHI0812.ANA_CH_IN[1].FCT_TYPE 　　　EIO2_d1_r0_s3_EAHI0812.ANA_CH_IN[1].CH_HEALTH 　　　EIO2_d1_r0_s3_EAHI0812.ANA_CH_IN[1].CH_WARNING 　　　EIO2_d1_r0_s3_EAHI0812.ANA_CH_IN[1].ANA 　　　　EIO2_d1_r0_s3_EAHI0812.ANA_CH_IN[1].ANA.VALUE 　　　　EIO2_d1_r0_s3_EAHI0812.ANA_CH_IN[1].ANA.FORCED_VALUE 　　　　EIO2_d1_r0_s3_EAHI0812.ANA_CH_IN[1].ANA.FORCE_CMD 　　　　EIO2_d1_r0_s3_EAHI0812.ANA_CH_IN[1].ANA.FORCED_STATE 　　　　EIO2_d1_r0_s3_EAHI0812.ANA_CH_IN[1].ANA.TRUE_VALUE	读取仪表正确的数值： EIO2_d1_r0_s3_EAHI0812 EIO2_d1_r0_s3_EAHI0812.MOD_HEALTH EIO2_d1_r0_s3_EAHI0812.MOD_FLT　2 EIO2_d1_r0_s3_EAHI0812.ANA_CH_IN 　EIO2_d1_r0_s3_EAHI0812.ANA_CH_IN[0] 　EIO2_d1_r0_s3_EAHI0812.ANA_CH_IN[1] 　　EIO2_d1_r0_s3_EAHI0812.ANA_CH_IN[1].FCT_TYPE　1 　　EIO2_d1_r0_s3_EAHI0812.ANA_CH_IN[1].CH_HEALTH 　　EIO2_d1_r0_s3_EAHI0812.ANA_CH_IN[1].CH_WARNING 　　EIO2_d1_r0_s3_EAHI0812.ANA_CH_IN[1].ANA 　　　EIO2_d1_r0_s3_EAHI0812.ANA_CH_IN[1].ANA.VALUE　2693 　　　EIO2_d1_r0_s3_EAHI0812.ANA_CH_IN[1].ANA.FOR..　0 　　　EIO2_d1_r0_s3_EAHI0812.ANA_CH_IN[1].ANA.FOR.. 　　　EIO2_d1_r0_s3_EAHI0812.ANA_CH_IN[1].ANA.FOR.. 　　　EIO2_d1_r0_s3_EAHI0812.ANA_CH_IN[1].ANA.TRU..　2693

（续）

序号	步骤	操作方法及说明		质量标准
6	通信测试	监控下面结构变量，读取到仪表 HART 信号数值： BME_AHI_0812 Freshness Freshness_1 Inputs G_ModuleStatus G_ChannelStatus G_ChannelStatus2 P_Channel0_PV P_Channel0_SV P_Channel0_TV P_Channel0_QV P_Channel1_PV P_Channel1_SV P_Channel1_TV P_Channel1_QV	T_BME_AHI_0812 BOOL BOOL T_BME_AHI_0812_IN DWORD DWORD DWORD REAL REAL REAL REAL REAL REAL REAL REAL	HART 信号数值：

问题情境一：

问： 假如你是一名自控系统设计工程师，客户要求通过网络对现场仪表进行维护管理，提高仪表维护的工作效率，应该怎么实现？

答： 可以选用 HART 智能仪表配合 HART 模拟量模块使用，HART 仪表在提供 4~20mA 信号的同时，还能够向系统提供仪表自身的状态信息，因此仪表维修人员对仪表的工作状态会十分清楚，和传统模拟仪表相比具有很大的优势。

问题情境二：

问： 假如你是一名自控系统调试工程师，读取不到仪表上的 HART 信号数值，应该如何排查问题？

答： 1. 检查 HART 模块网络是否连通。将计算机连接 CPU 的服务端口，IP 地址设置与 CPU 在同一网段，PING HART 模块的 IP 地址，测试是否能 PING 通。

2. 如果 IP 地址 PING 不通，检查软件中的 DHCP 配置是否正确。在 Control Expert 软件中，打开 DTM 浏览器，双击"BMEP58_ECPU_EXT"，打开配置界面，在设备列表下选中"BMEAHI0812"，点开"地址配置"选项界面，查看标识符填写是否准确。设备名称标识符命名原则：机架标识_插槽编号_模块名称：

机架标识：4 字符字段，Mx58：主本地机架；Cxxx：远程机架，xxx 代表 CRA 的 ID

插槽编号：模块在机架上的槽位号

模块名称：BMEAHI0812 模块的字符串 AHI0812

例如本实验中：设备名称标识符 C001_03_AHI0812 代表 BMEAHI0812 模块位于 1 号 CRA 远程机架的 3 号槽位中。

3. 是否在 DTM 浏览器中，将设备配置传输到 FDR 服务器。

（四）学习成果评价

序号	评价内容	评价标准	评价结果（是/否）
1	HART 协议	了解 HART 协议基本原理	
2	HART 模块配置	掌握如何配置 HART 模块基本信息	
3	HART 模块 IP 地址	掌握如何配置 HART 模块 DHCP 获取 IP 地址	
4	HART 仪表通信	读取仪表正确的数据	

五、课后作业

假如压力变送器的量程范围是 0~5MPa，请编写一段程序，将读取到压力变送器的 4~
20mA 信号转换为实际压力值。

职业能力 3.1.6　正确实现 Modicon M580 与 Modicon M340 PLC 通信

一、核心概念

在一个工业现场，通常存在多台控制器分别承载着不同的控制任务，为了实现控制的协
同性，各个不同的控制器之间往往需要相互交互数据，目前控制器之间交互数据最常用的方
式是通过工业以太网通信。

二、学习目标

（一）了解控制器之间通信的基本原理

（二）正确实现 Modicon M340 与 Modicon M580 的通信

三、基础知识

Modbus TCP 使 Modbus 协议运行于以太网，Modbus TCP 使用 TCP/IP 以太网在站点间传
送 Modbus 报文，Modbus TCP 结合了以太网物理网络和网络标准 TCP/IP 以及以 Modbus 作
为应用协议标准的数据表示方法，通信报文被封装于以太网 TCP/IP 数据包中。与传统的串
口方式的区别，Modbus TCP 插入一个标准的 Modbus 报文到 TCP 报文中，不再带有数据校
验和地址。

Modbus TCP 使用服务器与客户机的通信方式，由客户机对服务器的数据进行读/写操
作，服务器响应客户机。

本实验是使用 Modicon M580 PAC 作为通信的客户端，Modicon M340 PLC 作为通信的服
务器端，由 Modicon M580 发出通信读/写请求，与 Modicon M340 实现数据交互。

四、能力训练

（一）操作条件

1. 正确安装 Control Expert 编程软件。

2. 正确使用电工基本工具并进行简单操作，正确使用电工测量工具并进行电路通断
测量。

3. 熟悉施耐德电气 Modicon M580 实验台布局。

（二）安全及注意事项

1. 遵守用电安全基本准则，通电时应注意安全防护，保证人员安全。

2. 接通电源后，严禁用手或导体触摸各电气元件及接线端子，以免触电。

3. 按步骤规范操作，保证设备安全。

4. 完成实验后，应清点工具，关断实验台电源，整理实验台，恢复实验台原样。

（三）操作过程

序号	步骤	操作方法及说明	质量标准
1	网络架构	根据实验架构图,连接好网络: 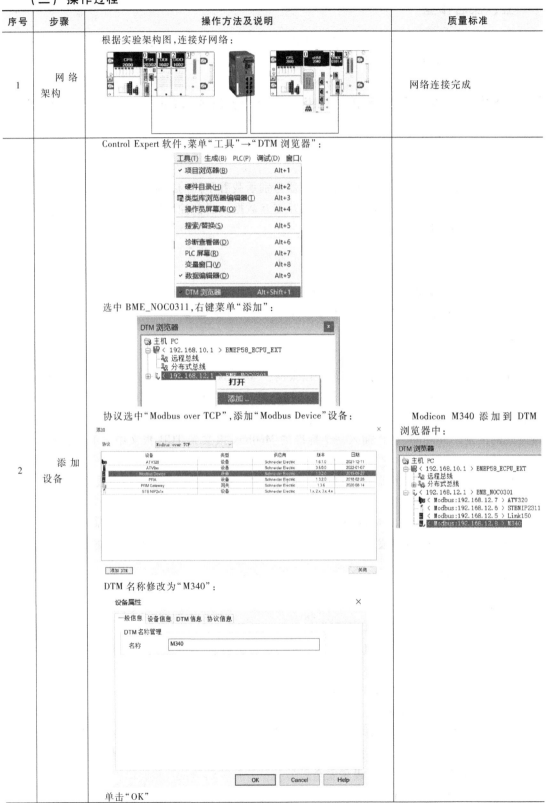	网络连接完成
2	添加设备	Control Expert 软件,菜单"工具"→"DTM 浏览器": 选中 BME_NOC0311,右键菜单"添加": 协议选中"Modbus over TCP",添加"Modbus Device"设备: DTM 名称修改为"M340": 单击"OK"	Modicon M340 添加到 DTM 浏览器中:

（续）

序号	步骤	操作方法及说明	质量标准
3	地址设置	Control Expert 软件,DTM 浏览器中,双击"BME_NOC0311",点开"设备列表",选中 M340,"地址设置"选项界面,填入 Modicon M340 的 IP 地址:192.168.12.3,地址服务器:此设备的 DHCP 选择为"已禁用": 属性　地址设置　请求设置 IP配置 IP 地址:　192 . 168 . 12 . 3 子网掩码:　255 . 255 . 0 . 0 网关:　192 . 168 . 12 . 1 地址服务器 此设备的 DHCP:　已禁用 标识方式:　设备名称 标识符:　M340 单击"应用"	通信地址设置完成
4	请求设置	点开"请求设置"选项界面,单击"添加请求",读取地址:0,读取长度:6;写入地址:10,写入长度:4; 属性　地址设置　请求设置 添加请求　删除 重复速率(毫秒) 读取地址 读取长度 上一个值 写入地址 写入长度 60 0 6 保留值 10 4 单击"确认" 本实验配置 Modicon M580 读取 Modicon M340 PLC 中的 ％MW0～％MW5 的数值,6 个字;将数值写入 Modicon M340 PLC 中的 ％MW10～％MW13,4 个字	通信请求设置完成
5	查看通信变量	Control Expert 软件,打开"变量和 FB 实例",查看自动生成的 Modicon M340 的通信变量: 变量　DDT 类型　功能块　DFB 类型 过滤器　名称 ＝ m* 名称 类型 值 注释 M340 T_M340 　Freshness BOOL Global Freshness 　Freshness_1 BOOL Freshness of Object 　Inputs T_M340_IN Input Variables 　　Free0 ARRAY[0..11] OF BYTE Unused Variable 　　　Free0[0] BYTE 　　　Free0[1] BYTE 　　　Free0[2] BYTE 　　　Free0[3] BYTE 　　　Free0[4] BYTE 　　　Free0[5] BYTE 　　　Free0[6] BYTE 　　　Free0[7] BYTE 　　　Free0[8] BYTE 　　　Free0[9] BYTE 　　　Free0[10] BYTE 　　　Free0[11] BYTE 　Outputs T_M340_OUT Output Variables 　　Free1 ARRAY[0..7] OF BYTE Unused Variable 　　　Free1[0] BYTE 　　　Free1[1] BYTE 　　　Free1[2] BYTE 　　　Free1[3] BYTE 　　　Free1[4] BYTE 　　　Free1[5] BYTE 　　　Free1[6] BYTE 　　　Free1[7] BYTE	查看到通信变量以字节为单位显示

(续)

序号	步骤	操作方法及说明	质量标准
6	通信变量数据类型转换	为了方便识别,本实验将通信变量统一转换为整型数,菜单"工具"→"项目设置",选中"生成设置",I/O 扫描模式选择为"增强": 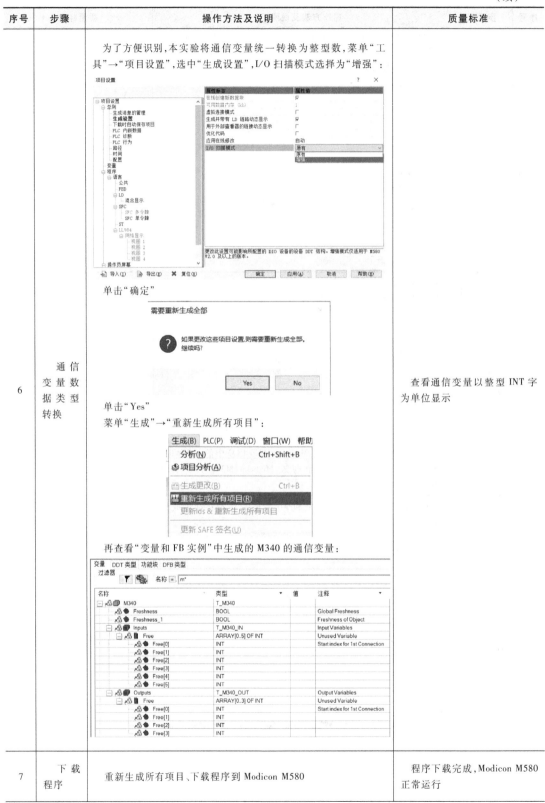 单击"确定" 单击"Yes" 菜单"生成"→"重新生成所有项目": 再查看"变量和 FB 实例"中生成的 M340 的通信变量:	查看通信变量以整型 INT 字为单位显示
7	下载程序	重新生成所有项目、下载程序到 Modicon M580	程序下载完成,Modicon M580 正常运行

（续）

序号	步骤	操作方法及说明	质量标准
8	新建 Modicon M340 项目	Control Expert 软件,新建项目,选择与实验台上型号相同的 Modi-con M340 CPU BMXP3420302: 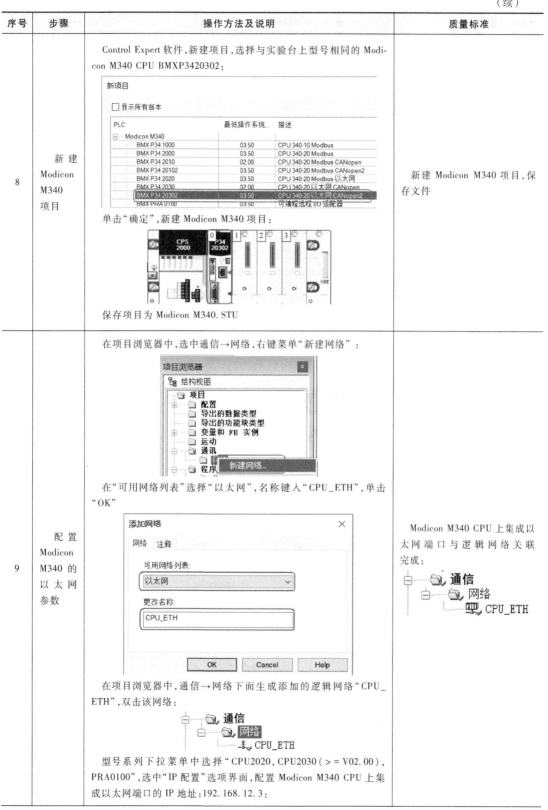 单击"确定",新建 Modicon M340 项目: 保存项目为 Modicon M340.STU	新建 Modicon M340 项目,保存文件
9	配置 Modicon M340 的以太网参数	在项目浏览器中,选中通信→网络,右键菜单"新建网络": 在"可用网络列表"选择"以太网",名称键入"CPU_ETH",单击"OK" 在项目浏览器中,通信→网络下面生成添加的逻辑网络"CPU_ETH",双击该网络: 通信 　网络 　　CPU_ETH 型号系列下拉菜单中选择"CPU2020,CPU2030(>=V02.00),PRA0100",选中"IP 配置"选项界面,配置 Modicon M340 CPU 上集成以太网端口的 IP 地址:192.168.12.3;	Modicon M340 CPU 上集成以太网端口与逻辑网络关联完成: 通信 　网络 　　CPU_ETH

（续）

序号	步骤	操作方法及说明	质量标准
9	配置 Modicon M340 的以太网参数	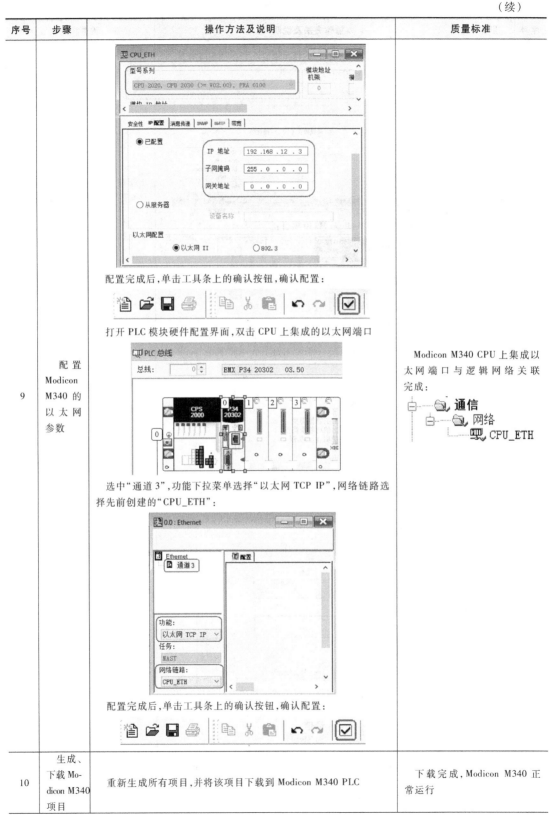 配置完成后,单击工具条上的确认按钮,确认配置: 打开 PLC 模块硬件配置界面,双击 CPU 上集成的以太网端口 选中"通道 3",功能下拉菜单选择"以太网 TCP IP",网络链路选择先前创建的"CPU_ETH": 配置完成后,单击工具条上的确认按钮,确认配置:	Modicon M340 CPU 上集成以太网端口与逻辑网络关联完成: 通信 网络 CPU_ETH
10	生成、下载 Modicon M340 项目	重新生成所有项目,并将该项目下载到 Modicon M340 PLC	下载完成,Modicon M340 正常运行

（续）

序号	步骤	操作方法及说明	质量标准
11	通信测试	计算机通过以太网同时连接到 Modicon M580 和 Modicon M340，打开各自的动态数据表监控 在 Modicon M340 的动态数据表中改变 %MW0～%MW5 寄存器的数值，在 Modicon M580 的动态数据表中监控结构变量"Modicon M340.Inputs"，观察数值的变化 在 Modicon M580 的动态数据表中改变"Modicon M340.Outputs"的数值，在 Modicon M340 的动态数据表中观察 %MW10～%MW13 寄存器的数值变化	Modicon M580 成功读取到 Modicon M340 中 %MW0～%MW5 寄存器的数值，并将数值成功写入 Modicon M340 的 %MW10～%MW13 寄存器

问题情境一：

问：假如你是一名自控系统设计工程师，客户需要增加一条产线并要求新产线与老产线的控制系统实现以太网互联互通，在新产线控制系统选型时应注意什么？

答：首先要了解清楚老产线的控制系统是否具备与新产线的以太网通信条件，以及老产线的以太网具体支持哪些通信协议（例如 Modbus TCP、Ethernet IP……），在选型时，新产线的控制系统配备与老产线以太网通信协议相同的通信模块。除此之外，还应了解新、老产线之间以太网将如何连接，布线距离有多远，根据需要配备连接器件。

问题情境二：

问：假如你是一名自控系统设计工程师，在配置 Modicon M580 与 Modicon M340 Modbus TCP I/O 扫描通信时，项目要求 Modicon M580 从 Modicon M340 中读取 200 个地址连续的整数，写入 80 个地址连续的整数，请问最少需要添加几个请求才能实现项目这个需求？

答：两个。

在 Control Expert 软件中，Modicon M580 配置 Modbus TCP I/O 扫描，每个请求读取长度最大为 125 个字，写入长度最大为 120 个字，上面控制要求中 Modicon M580 要从 Modicon M340 中读取 200 个地址连续的整数，所以至少需要添加两个请求才能实现。

（四）学习成果评价

序号	评价内容	评价标准	评价结果（是/否）
1	网络连接	按照实验要求连接网络	
2	Modicon M580 通信配置	正确配置 Modicon M580 通信	
3	通信	正确实现 Modicon M340 与 Modicon M580 之间的通信	

五、课后作业

请根据以下要求编写程序：

在 Modicon M340 中做一个每秒加 1 的累加器程序，将累加值传送给 Modicon M580，当累加值达到 100 时，由 Modicon M580 向 Modicon M340 发送复位清零重新计数的信号。

工作任务 3.2 综合通信实现

职业能力 3.2.1 正确实现 HMI 读写 RFID 数据

一、核心概念

RFID（Radio Frequency Identification，无线射频识别技术）集成 Modbus 串口通信，Modicon M580 支持 Modbus TCP 以太网通信，中间通过 Link150 网关实现 Modbus TCP 以太网到 Modbus 串口的协议转换，Modicon M580 可以实现与 RFID 的数据交互。HMI 与 Modicon M580 之间经由 Modbus TCP 以太网实现通信。

二、学习目标

（一）正确实现 **HMI 与 Modicon M580 的通信**

（二）正确实现 **RFID 与 Modicon M580 的通信**

（三）正确实现 **HMI 读写 RFID 数据**

三、基础知识

在本实验系统架构中，RFID 通信模块作为 Modbus RTU 从站，Modicon M580 PAC 作为 Modbus TCP 主站，通过 Link150 网关将 Modbus TCP 转换为 Modbus RTU 协议，对 RFID 数据卡进行数据的读写。HMI 作为监控终端，通过与 Modicon M580 数据的交互实现对 RFID 数据卡的读写控制。

该实验网络架构如图 3-65 所示。

（一）实验所用设备 IP 地址

Modicon M580：192.168.12.1

HMI：192.168.12.4

Link 150：192.168.12.5

（二）实验所用设备串口通信参数

RFID slave 站地址：1

波特率：19200

校验：even

数据位：8

停止位：1

四、能力训练

（一）操作条件

1. 正确安装 Control Expert 编程软件。

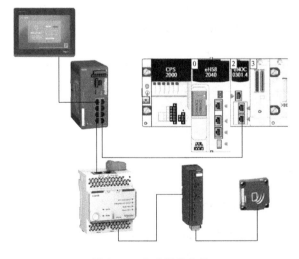

图 3-65　实验网络架构

2. 正确安装 Vijeo Designer Basic 组态软件。

3. 正确使用电工基本工具并进行简单操作，正确使用电工测量工具并进行电路通断测量。

4. 熟悉施耐德电气 Modicon M580 实验台布局。

（二）安全及注意事项

1. 遵守用电安全基本准则，通电时应注意安全防护，保证人员安全。

2. 接通电源后，严禁用手或导体触摸各电气元件及接线端子，以免触电。

3. 按步骤规范操作，保证设备安全。

4. 完成实验后，应清点工具，关断实验台电源，整理实验台，恢复实验台原样。

（三）操作过程

序号	步骤	操作方法及说明	质量标准
1	网络架构	根据实验架构图，连接好网络：	网络连接完成
2	进入 Link150 网关主页	断开本地 PC 与所有网络（局域网）的连接，并关闭 Wi-Fi（如有）启动网页浏览器，在地址栏输入 Link150 的 IP 地址，回车，进入"Link150"的登录界面 键入用户名和密码，打开主页。默认的用户名：Administrator，密码：Gateway，单击 Login，进入以下界面：	主页显示在浏览器中

（续）

序号	步骤	操作方法及说明	质量标准
3	Link150 以太网配置	点开"Settings"→"Communication"界面,在界面左边配置选项中选中"IP Configuration",进入 IP 配置界面,在 IPv4 条项下,选中 Manual,键入 Link150 的 IP 地址:192.168.12.5,子网掩码:255.255.0.0 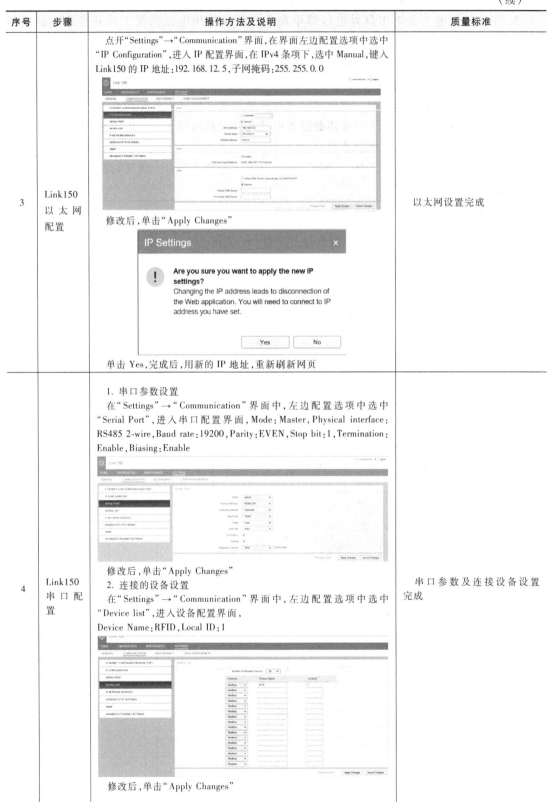 修改后,单击"Apply Changes" 单击 Yes,完成后,用新的 IP 地址,重新刷新网页	以太网设置完成
4	Link150 串口配置	1. 串口参数设置 在"Settings"→"Communication"界面中,左边配置选项中选中"Serial Port",进入串口配置界面,Mode:Master,Physical interface:RS485 2-wire,Baud rate:19200,Parity:EVEN,Stop bit:1,Termination:Enable,Biasing:Enable 修改后,单击"Apply Changes" 2. 连接的设备设置 在"Settings"→"Communication"界面中,左边配置选项中选中"Device list",进入设备配置界面, Device Name:RFID,Local ID:1 修改后,单击"Apply Changes"	串口参数及连接设备设置完成

（续）

序号	步骤	操作方法及说明	质量标准
5	添加设备	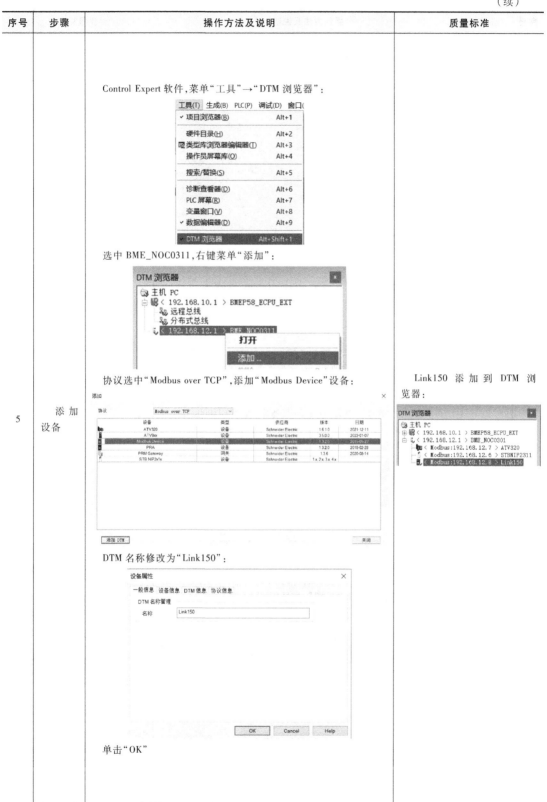 Control Expert 软件,菜单"工具"→"DTM 浏览器": 选中 BME_NOC0311,右键菜单"添加": 协议选中"Modbus over TCP",添加"Modbus Device"设备: DTM 名称修改为"Link150": 单击"OK"	Link150 添加到 DTM 浏览器:

（续）

序号	步骤	操作方法及说明	质量标准
6	地址设置	Control Expert 软件,DTM 浏览器中,双击"BME_NOC0311",点开"设备列表",选中 Link150,"地址设置"选项界面,填入 Link150 的 IP 地址:192.168.12.5,地址服务器:此设备的 DHCP 选择为"已禁用": 单击"应用"	通信地址设置完成
7	请求设置	点开"请求设置"选项界面,单击"添加请求","单元 ID":1,重复速率(毫秒):1000,读取地址:32768,读取长度:2,读取 RFID 的状态信息 再单击"添加请求",单元 ID:1,重复速率(毫秒):1000,写入地址:0,写入长度:3,写 3 个 INT 值到 Tag,读取地址:0,读取长度:3,将 Tag 值读取到 Modicon M580 单击"确认"	通信请求设置完成
8	通信变量类型转换及名称定义	在设备列表中,选中 Link150 下面的请求 001,在"输入"选项界面中同时选中 0~1 行,单击"定义项目",在弹出的"项目名称定义"界面,"新项目数据类型"选择"INT",项目名称键入"Status": 	通信变量类型转换及名称定义完成:

（续）

序号	步骤	操作方法及说明	质量标准
8	通信变量类型转换及名称定义	单击"确定" 同理,选中 2～3 行,项目名称设为"TagCounter". 选中 Link 150 下面的请求 002,在"输入"选项界面中同时选中 8～13 行,单击"定义项目",在弹出的"项目名称定义"界面,"新项目数据类型"选择"INT",项目名称键入"READ*": 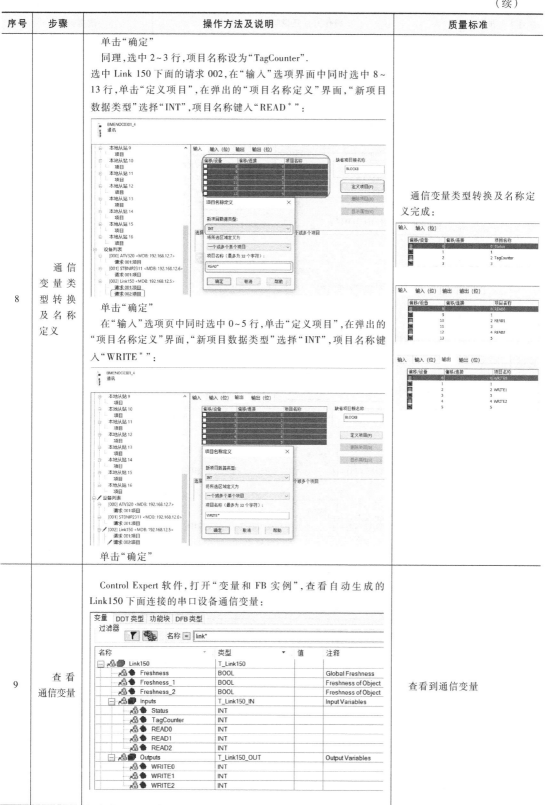 单击"确定" 在"输入"选项页中同时选中 0～5 行,单击"定义项目",在弹出的"项目名称定义"界面,"新项目数据类型"选择"INT",项目名称键入"WRITE*": 单击"确定"	通信变量类型转换及名称定义完成: 查看到通信变量
9	查看通信变量	Control Expert 软件,打开"变量和 FB 实例",查看自动生成的 Link150 下面连接的串口设备通信变量:	查看到通信变量

（续）

序号	步骤	操作方法及说明	质量标准
10	编写与HMI数据交互程序	打开"变量和FB实例"界面，定义以下与HMI交互的变量： 变量　DDT类型　功能块　DFB类型 过滤器　名称 = rf* 名称 / 类型 / 地址 RFID_Write_CMD / EBOOL / %M100 RFID_Read_CMD / EBOOL / %M101 RFID_Comm_Sta / EBOOL / %M102 RFID_WDATA / ARRAY[1..3] OF INT / %MW100 RFID_RDATA / ARRAY[1..3] OF INT / %MW110 RFID_Sta / INT / %MW120 RFID_TagCounter / INT / %MW121 新建程序段"RFID_HMI"： 状态显示 .7 Link150.Freshness—IN MOVE OUT—RFID_Comm_Sta .8 Link150.Inputs.Status—IN MOVE OUT—RFID_Sta .9 Link150.Inputs.TagCounter—IN MOVE OUT—RFID_TagCounter RFID写数据 .1 RFID_Write_CMD—EN ENO / RFID_WDATA[1]—IN MOVE OUT—Link150.Outputs.WRITE0 .2 RFID_Write_CMD—EN ENO / RFID_WDATA[2]—IN MOVE OUT—Link150.Outputs.WRITE1 .3 RFID_Write_CMD—EN ENO / RFID_WDATA[3]—IN MOVE OUT—Link150.Outputs.WRITE2 RFID读数据 .4 RFID_Read_CMD—EN ENO / Link150.Inputs.READ0—IN MOVE OUT—RFID_RDATA[1] .5 RFID_Read_CMD—EN ENO / Link150.Inputs.READ1—IN MOVE OUT—RFID_RDATA[2] .6 RFID_Read_CMD—EN ENO / Link150.Inputs.READ2—IN MOVE OUT—RFID_RDATA[3]	完成与HMI数据交互程序

（续）

序号	步骤	操作方法及说明	质量标准
11	下载程序	重新生成所有项目、下载程序到 Modicon M580	程序下载完成，Modicon M580 正常运行
12	新建 HMI 工程	启动 Vijeo Designer Basic 组态软件，新建 1 个 HMI 工程，HMI 型号选择：HMIGXU5512 设置 IP 地址为：192.168.12.4：	新建 HMI 工程完成
13	新建驱动程序与设备	创建与 Modicon M580 的以太网通信驱动，Modicon M580 以太网模块 IP 地址为：192.168.12.1，勾选 IEC61131 语法，编码模式选择"0-based"，双字字顺序选择"低字优先"：	驱动创建完成：

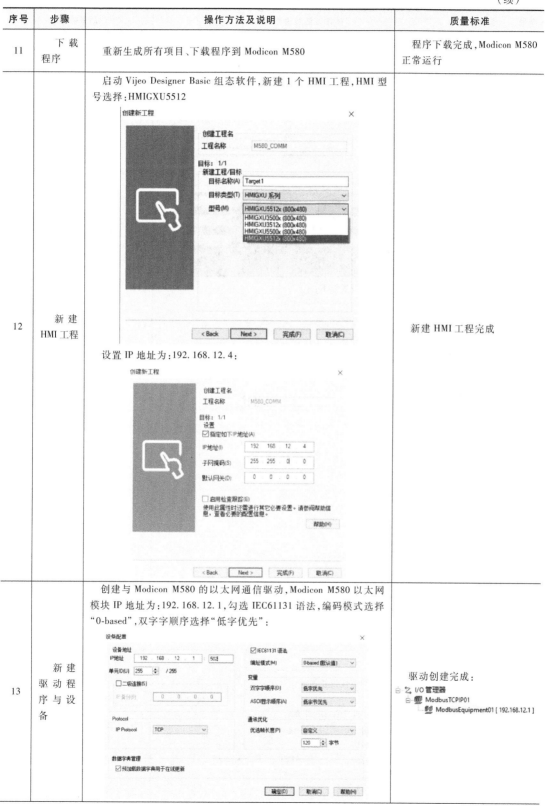

（续）

序号	步骤	操作方法及说明	质量标准
14	创建 HMI 通信 变量	在 HMI 变量表新建以下变量： 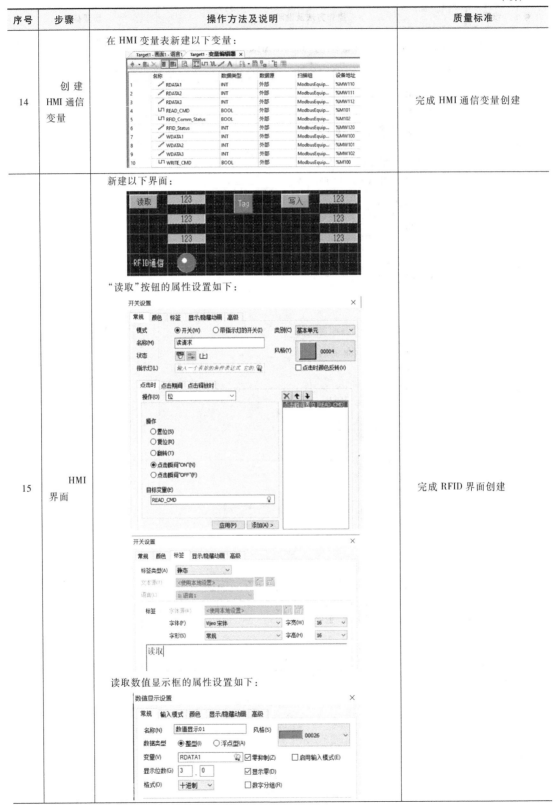	完成 HMI 通信变量创建
15	HMI 界面	新建以下界面： "读取"按钮的属性设置如下： 读取数值显示框的属性设置如下：	完成 RFID 界面创建

（续）

序号	步骤	操作方法及说明	质量标准
15	HMI 界面	"写入"按钮的属性设置如下： 写入数值框的属性设置如下：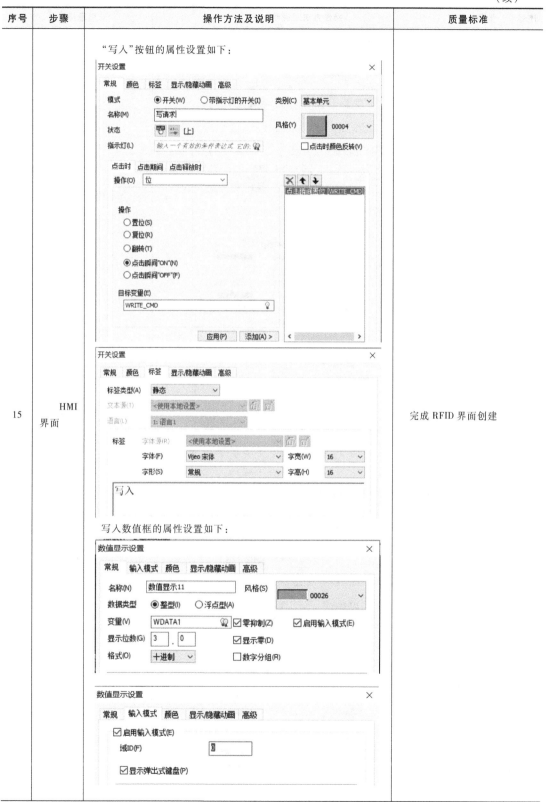	完成RFID界面创建

（续）

序号	步骤	操作方法及说明	质量标准
15	HMI 界面	TAG 存在状态指示灯属性设置如下： 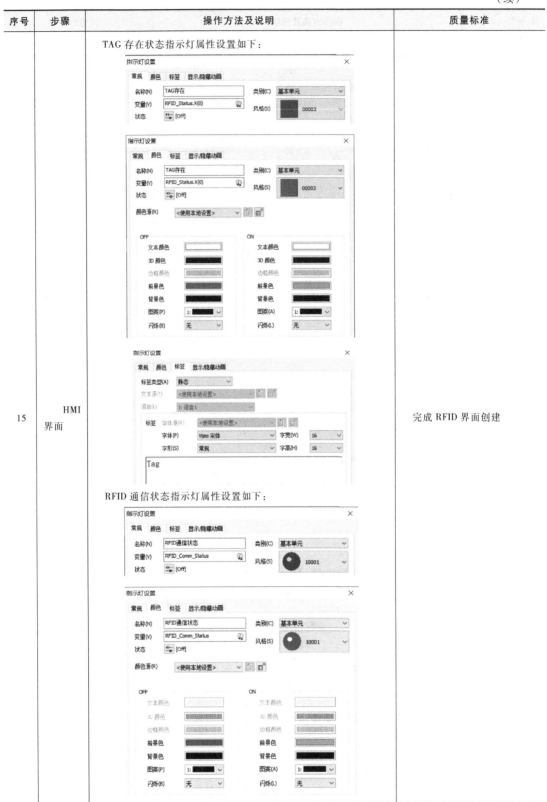 RFID 通信状态指示灯属性设置如下：	完成 RFID 界面创建

（续）

序号	步骤	操作方法及说明	质量标准
16	验证、生成、下载	将验证生成无误的工程下载到目标 HMI：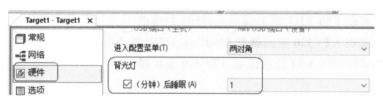	下载成功,工程在 HMI 中运行
17	通信测试	将 Tag 放置在 RFID 的感应面,在 HMI 上观察 RFID 通信状态和 Tag 存在状态的指示灯,当状态都正常时,在写入数据框键入整型数据,单击"写入"按钮;然后单击"读取"按钮,观察读取数据框中的数据是否与写入数据一致	数据一致,通信正常

问题情境一：

问： 假如你是一名自控系统调试工程师,客户现场的 HMI 不需要经常操作,他还认为,HMI 的液晶屏一直亮着费电且降低 HMI 的使用寿命,你有什么解决方法吗？

答： 可以设置当 HMI 空闲一段时间后,自动关闭背景灯。背景灯在有报警或系统错误发生或有以下用户单击动作发生时将打开：功能键、鼠标或键盘。设置方法：在 HMI 属性"硬件"界面,"背光灯"设置下,勾选"（分钟）后睡眠",然后定义背景灯关闭之前的时间长度,如图 3-66 所示。

图 3-66　设置方法

问题情境二：

问： 如果忘记了自己更改过的 Link150 的网页登录密码,请问应该怎么办？

答： 可以按住 Link150 网关模块上的 IP 复位按钮 10~15s,网关中所有用户可配置性信息将被复位为出厂默认设置。

然后,再用默认的用户名和密码登录,默认用户名是：Administrator,默认密码是：Gateway。

（四）学习成果评价

序号	评价内容	评价标准	评价结果(是/否)
1	网络连接	按照实验要求连接网络	
2	Modicon M580 通信配置	正确配置 Modicon M580 通信	
3	HMI 配置	正确做出 HMI 界面	
4	HMI 与 Modicon M580 通信	正确实现 HMI 与 Modicon M580 之间的通信	
5	RFID 与 Modicon M580 通信	正确实现 RFID 与 Modicon M580 之间的通信	
6	HMI 读写 RFID 数据	正确实现 HMI 读写 RFID 数据	

五、课后作业

如果 HMI 没有正确读写 RFID 数据，请简述如何排查故障。

_____

_____

_____

_____

_____

_____

职业能力 3.2.2　正确实现 X80 I/O 远程控制 ATV320 变频器

一、核心概念

ATV320 变频器通过加载 VW3A3616 通信卡，支持 Modbus TCP 和 EtherNet/IP 工业以太网通信协议，与控制系统网络连接，实现远程控制。

X80 I/O 是 Modicon M580 PAC 的 I/O 系统，本实验台的 X80 I/O 通过远程 I/O（RIO）的方式连接在 Modicon M580 控制系统中，通过 EtherNet/IP 协议通信。

二、学习目标

（一）正确实现 X80 RIO 与 Modicon M580 的通信

（二）正确实现 ATV320 变频器与 Modicon M580 的 EtherNet/IP 通信

（三）正确实现 X80 I/O 远程控制 ATV320 变频器

三、基础知识

Modicon M580PAC 搭配 X80 IO 为典型的 Modicon M580 单机运行架构，在本实验系统架构中，ATV320 变频器通过 EtherNet/IP 与 Modicon M580 连接，编写相应控制程序，通过 X80 IO 连接的仿真接口板可以实现对变频器的远程控制和状态监视。

该实验网络架构如图 3-67 所示。

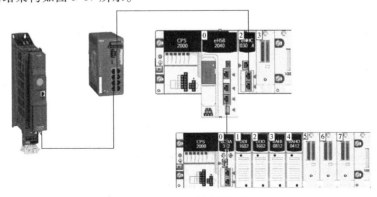

图 3-67　实验网络架构

实验所用设备 IP 地址：

Modicon M580：192.168.12.1

ATV320：192.168.12.8

四、能力训练

（一）操作条件

1. 正确安装 Control Expert 编程软件，准备好 ATV320 变频器的 EtherNet/IP EDS 文件。

2. 正确使用电工基本工具并进行简单操作，正确使用电工测量工具并进行电路通断测量。

3. 熟悉施耐德电气 Modicon M580 实验台布局。

（二）安全及注意事项

1. 遵守用电安全基本准则，通电时应注意安全防护，保证人员安全。

2. 接通电源后，严禁用手或导体触摸各电气元件及接线端子，以免触电。

3. 按步骤规范操作，保证设备安全。

4. 完成实验后，应清点工具，关断实验台电源，整理实验台，恢复实验台原样。

（三）操作过程

序号	步骤	操作方法及说明	质量标准
1	网络架构	根据实验架构图,连接好网络： 	网络连接完成
2	ATV320 变频器网络通信参数设置	通过集成显示终端设置 ATV320 变频器的 IP 地址： COnF(配置)→ FULL → COM(通信)→Cbd-(通信模块)： EthM(通信协议)→EtIP(Ethernet/IP) iPM(IP 模式)→MAnU(固定) IPC(IP 地址)→ (IPC1)(IPC2)(IPC3)(IPC4):192.168.12.8 IPM(子网掩码)→ (IPM1)(IPM2)(IPM3)(IPM4)→255.255.0.0 设置完成后,对 ATV320 变频器重新上电	ATV320 的通信协议设置为 Ethernet/IP,IP 地址设置为：192.168.12.8,子网掩码为255.255.0.0

（续）

序号	步骤	操作方法及说明	质量标准
3	ATV320 变频器命令参数设置	1. 给定通道 1 设置为通信卡： COnF→ FULL → CTL（命令）→ Fr1（给定通道 1）→nEt（通信卡） 2. 设置 IO 模式： COnF→ FULL → CTL（命令）→ CHCF（组合模式）→ IO（IO 模式），长按 2s，确认选择 3. 命令通道 1 设置为通信卡： COnF→ FULL → CTL（命令）→ Cd1（命令通道 1）→nEt（通信卡）	设置 ATV320 变频器的控制模式为 I/O 模式，控制通道和给定频率从以太网通信卡获取
4	导入 ATV320 变频器的 Eth-erNet/IP EDS 文件到 Control Expert 软件	开启 ControlExpert 软件，Modicon M580 项目，在 DTM 浏览器中，选中 BMENOC0311，右键菜单"设备菜单"→"附加功能"→"将 EDS 添加到库中"： 单击"下一步"： 选取 ATV320 变频器的 EtherNet/IP 的 EDS 文件，单击"下一步"：	EDS 文件导入完成

（续）

序号	步骤	操作方法及说明	质量标准
4	导入 ATV320 变频器的 EtherNet/IP EDS 文件到 Control Expert 软件	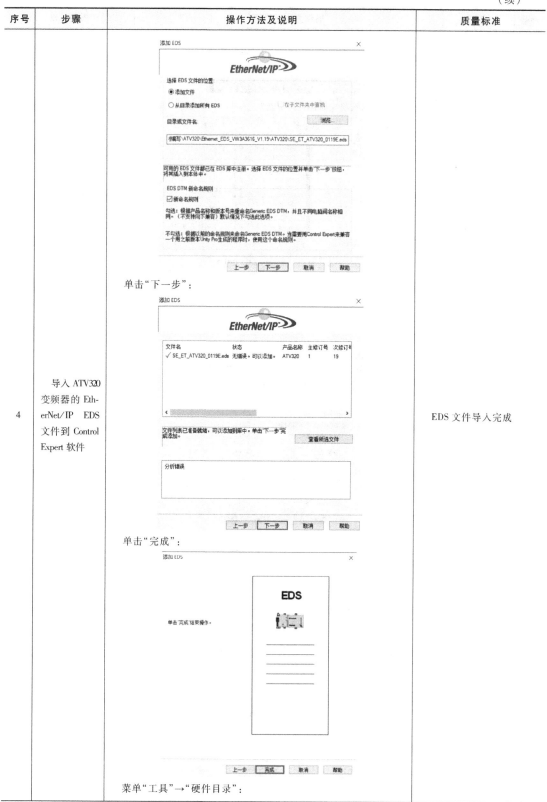 单击"下一步": 单击"完成": 菜单"工具"→"硬件目录":	EDS 文件导入完成

（续）

序号	步骤	操作方法及说明	质量标准
4	导入 ATV320 变频器的 Eth-erNet/IP EDS 文件到 Control Expert 软件	点开 DTM 目录选项界面，单击"更新"：	EDS 文件导入完成
5	添加设备	Control Expert 软件，菜单"工具"→"DTM 浏览器"： 选中 BME_NOC0311，右键菜单"添加"： 协议选中"EtherNet/IP"，添加"ATV320 Revision 1.19（from EDS)"设备：	ATV320 变频器设备添加完成：

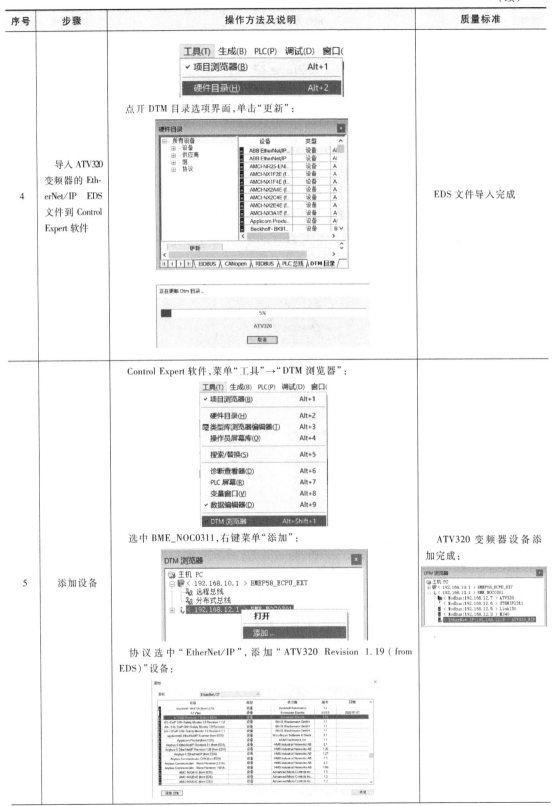

（续）

序号	步骤	操作方法及说明	质量标准
5	添加设备	"DTM 名称管理"键入"ATV320_EIP"，单击 OK： 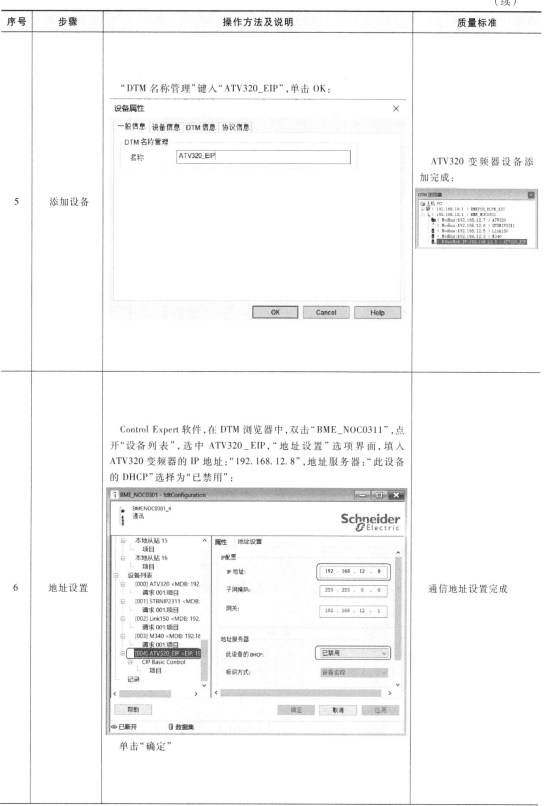	ATV320 变频器设备添加完成：
6	地址设置	Control Expert 软件，在 DTM 浏览器中，双击"BME_NOC0311"，点开"设备列表"，选中 ATV320_EIP，"地址设置"选项界面，填入 ATV320 变频器的 IP 地址："192.168.12.8"，地址服务器："此设备的 DHCP"选择为"已禁用"： 单击"确定"	通信地址设置完成

（续）

序号	步骤	操作方法及说明	质量标准
7	ATV320 变频器控制参数设置	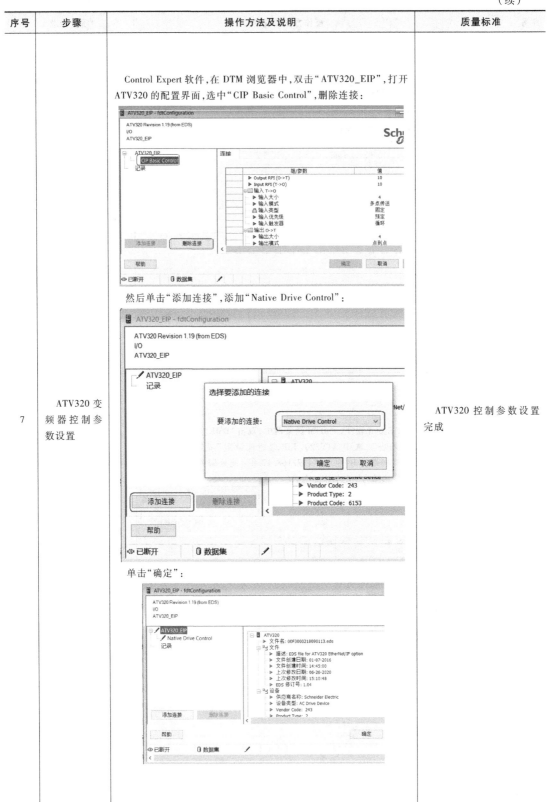	ATV320 控制参数设置完成

Control Expert 软件，在 DTM 浏览器中，双击"ATV320_EIP"，打开 ATV320 的配置界面，选中"CIP Basic Control"，删除连接：

然后单击"添加连接"，添加"Native Drive Control"：

单击"确定"：

（续）

序号	步骤	操作方法及说明	质量标准
8	ATV320 变频器通信变量设置	本实验使用默认的通信变量设置即可,通过集成显示终端: COnF（配置）→FULL→COM-（通信）→Cbd-（通信模块）子菜单中查看确认: OCA1（Scan. Out1 address）:CMD OCA2（Scan. Out2 address）:LFRD OMA1（Scan. IN1 address）:ETA OMA2（Scan. IN2 address）:RFRD	ATV320 变频器通信变量设置完成
9	定义 ATV-320 变频器通信变量名称	Control Expert 软件,在 DTM 浏览器中,设备列表下,选中"ATV320_EIP",在项目管理导入模式中,选择"手动",单击"应用": 弹出下列界面,单击"OK": 选中"项目",按住计算机键盘"Shift"键,选中偏移/设备的 0、1 行,单击"删除项目": 	

（续）

序号	步骤	操作方法及说明	质量标准
9	定义 ATV-320 变频器通信变量名称	再次选中空的偏移/设备的 0、1 行，单击"定义项目"： 项目名称填入"ETA"，"新项目数据类型"选择"UINT"，单击"确定"： 同样的操作方式，将输入的偏移/设备的 2、3 行定义为项目名称"RFRD"，数据类型："INT"： 将输出的偏移/设备的 0、1 行定义为项目名称"CMD"，数据类型：UINT；2、3 行定义为项目名称"LFRD"，数据类型："INT"： 	

（续）

序号	步骤	操作方法及说明	质量标准
10	查看通信变量	Control Expert 软件，打开"变量和 FB 实例"，查看自动生成的 ATV320 变频器通信变量： 变量　DDT 类型　功能块　DFB 类型 过滤器　名称 = ATV320_* 名称／类型／值／注释 ATV320_EIP　T_ATV320_EIP 　Freshness　BOOL　Global Freshness 　Freshness_1　BOOL　Freshness of Object 　Inputs　T_ATV320_EIP_IN　Input Variables 　　ETA　UINT 　　RFRD　INT 　　Generic_SINTB　WORD 　　Generic_SINTC　WORD 　　Generic_SINTD　WORD 　　Generic_SINTE　WORD 　Outputs　T_ATV320_EIP_OUT　Output Variables 　　CMD　UINT 　　LFRD　INT 　　Generic_SINTB　WORD 　　Generic_SINTC　WORD 　　Generic_SINTD　WORD 　　Generic_SINTE　WORD 这些变量在 Modicon M580 的程序中直接可用	查看到 ATV320 变频器通信变量
11	下载程序	重新生成所有项目、下载程序到 Modicon M580	程序下载完成，Modicon M580 正常运行
12	ATV320 变频器与 Modicon M580 之间 EtherNet/IP 通信测试	在动态数据表中，监控结构变量"ATV320_EIP"，修改转速变量 ATV320_EIP. Outputs. LFRD 为 200，ATV320_EIP. Outputs. CMD 为 1，启动变频器外接的电机正转，转速为 200r/min；修改 ATV320_EIP. Outputs. CMD 为 0，电机停转 （为了避免"输出缺相"报警，可以设置 COnF→FULL→FLT（故障管理）→OPL-（输出缺相）→OPL→no，长按 2s 确认）	ATV320 变频器与 Modicon M580 之间 EtherNet/IP 通信正常 动态数据表里监控到： 修改(M)　强制(F) 名称／值 ATV320_EIP 　ATV320_EIP.Freshness　1 　ATV320_EIP.Freshness_1　1 　ATV320_EIP.Inputs 　　ATV320_EIP. Inputs.ETA　1591 　　ATV320_EIP. Inputs.RFRD　200 　　ATV320_EIP. Inputs.Gener...　0 　　ATV320_EIP. Inputs.Gener...　0 　　ATV320_EIP. Inputs.Gener...　0 　ATV320_EIP.Outputs 　　**ATV320_EIP.Outputs.CMD**　1 　　**ATV320_EIP.Outputs.LFRD**　200
13	X80 I/O 与 Modicon M580 之间的通信测试	在 Modicon M580 程序的动态数据表中监控结构变量"EIO2_d1_r0_s1_DDI1602"，拨动 X80 DI 模块连接的仿真板上通道 DI0 的开关，改变 X80 DI 模块通道 DI0 的输入值，观察 EIO2_d1_r0_s1_DDI1602.DIS_CH_IN.DIS_CH_IN[0].VALUE 的值是否有相应变化	X80 I/O 与 Modicon M580 之间 EtherNet/IP 通信正常。 动态数据表监视到： EIO2_c1_r0_s1_DDI1602 　EIO2_d1_r0_s1_DDI1602.MOD_HEALTH　1 　EIO2_d1_r0_s1_DDI1602.MOD_FLT 　EIO2_d1_r0_s1_DDI1602.DIS_CH_IN 　EIO2_d1_r0_s1_DDI1602.DIS_CH_IN[0] 　　EIO2_d1_r0_s1_DDI1602.DIS_CH_IN[0].C1_HEALTH 　　EIO2_d1_r0_s1_DDI1602.DIS_CH_IN[0].VALUE
14	X80 I/O 远程控制 ATV320 变频器通信测试	在 Control Expert 软件，Modicon M580 项目中，编写一段程序，将读取到的 X80 DI5 通道的值，用于控制 ATV320 变频器的控制字第 0 位	拨动连接到 X80 DI 模块的仿真板上的 DI5 通道开关，实现对 ATV320 变频器输出电机的起动/停止控制

（续）

序号	步骤	操作方法及说明	质量标准
附	变频器故障复位方法	当变频器报故障后，如果故障原因已经消失，当被赋值的输入或位变为1时手动清除检测到的故障。下列检测到的故障可被手动清除：ASF、brF、bLF、CnF、COF、dLF、EPF1、EPF2、FbES、FCF2、InF9、InFA、InFb、LCF、LFF3、ObF、OHF、OLC、OLF、OPF1、OPF2、OSF、Ot-FL、PHF、PtFL、SCF4、SCF5、SLF1、SLF2、SLF3、SOF、SPF、SSF、tJF、tnF 与 ULF 　　操作方法： 　　COnF→FULL→FLt（故障管理）→rSt-（故障复位）→rSF（故障复位）→LI4（逻辑输入4，对应实验台的 LI4 旋转开关）	设置后，当变频器出现故障报警时，可通过 LI4 旋转开关复位

问题情境一：

问：假如你是一名自控系统设计工程师，项目要求通过网络远程控制变频器，你在变频器选型时需要注意什么？

答：首先，要了解清楚控制系统将采用哪种网络通信协议来连接变频器，然后确认变频器自身是否内置支持该种通信协议，如果不支持，需要选用合适的通信卡附件来实现通信功能。

问题情境二：

问：ATV320 变频器面板上报 CnF，请问是什么故障？如何处理？

答：ATV320 变频器报 CnF 是网络错误故障。

可能原因：通信卡上出现通信中断。

检查措施：1. 检查超时（PAC 是否重新下载了程序等）；2. 检查接线情况；3. 检查环境（电磁兼容性）；4. 更换通信卡。

该故障显示即使网络恢复了也不会自动消失，可以在网络恢复后将变频器重新上电，或者通过预先设置的故障复位措施将其复位。

（四）学习成果评价

序号	评价内容	评价标准	评价结果（是/否）
1	网络连接	按照实验要求连接网络	
2	Modicon M580 通信配置	能正确配置 Modicon M580 通信	
3	ATV320 变频器配置	能正确配置 ATV320 变频器参数	
4	X80 与 Modicon M580 通信	能正确实现 X80 与 Modicon M580 之间的通信	
5	ATV320 变频器与 Modicon M580 通信	能正确实现 ATV320 变频器与 Modicon M580 之间的通信	
6	X80 I/O 远程控制 ATV320 变频器	能正确实现 X80 I/O 远程控制 ATV320 变频器，实现电机起停	

五、课后作业

控制要求：X80 I/O DI5 控制电机正转，DI6 控制电机反转。请查阅变频器手册，如何实现？

职业能力 3.2.3　正确实现 HMI 在线监控 Modicon M580 PAC 及 X80 I/O 网络拓扑

一、核心概念

在 Control Expert 软件中，配置 Modicon M580 PAC 系统，当插入模块或分布式设备时，软件会自动地创建与该模块或设备相关联的结构化变量（DeviceDDT），并由 PAC 自动刷新。它们包含模块状态、模块和通道运行状况位、模块输入值、模块输出值等。通过监视这些 DeviceDDT 结构化变量的值，我们可以实时了解到 Modicon M580 PAC 系统及网络上设备的实时状态信息。

为了更方便、直观地监控控制系统的实时状态变化，通过 HMI 从 Modicon M580 中实时读取这些变量的值，以图形化的方式直观地展现出来。

二、学习目标

（一）掌握如何通过 DeviceDDT 监控 Modicon M580 PAC 及 X80 I/O 网络拓扑

（二）正确实现 HMI 与 Modicon M580 的通信

（三）正确实现 HMI 在线监控 Modicon M580 PAC 及 X80 I/O 网络拓扑

三、基础知识

Modicon M580 PAC 搭配 X80 IO 为典型的 Modicon M580 单机运行架构，将 HMI 作为操作终端，可以实时地监控 IO 数据状态和程序执行结果以及网络拓扑状态，是智能制造领域典型的自动化系统架构。

该实验网络架构如图 3-68 所示。

实验所用设备的 IP 地址：

Modicon M580：192.168.12.1

HMI：192.168.12.4

四、能力训练

（一）操作条件

1. 正确安装 Control Expert 编程软件。

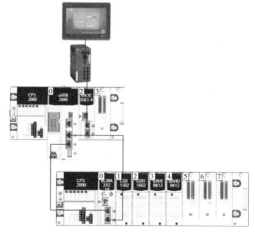

图 3-68　实验网络架构

2. 正确安装 Vijeo Designer Basic 组态软件。

3. 正确使用电工基本工具并进行简单操作，正确使用电工测量工具并进行电路通断测量。

4. 熟悉施耐德电气 Modicon M580 实验台布局。

（二）安全及注意事项

1. 遵守用电安全基本准则，通电时应注意安全防护，保证人员安全。

2. 接通电源后，严禁用手或导体触摸各电气元件及接线端子，以免触电。

3. 按步骤规范操作，保证设备安全。

4. 完成实验后，应清点工具，关断实验台电源，整理实验台，恢复实验台原样。

（三）操作过程

序号	步骤	操作方法及说明	质量标准
1	网络架构	根据实验架构图,连接好网络: 	网络连接完成
2	Modicon M580 软件配置	开启 Control Expert 软件,新建或打开 Modicon M580 项目,根据实验台上的模块型号,在软件中配置 Modicon M580 的本地机架和远程机架模块	配置完成
3	RIO 通信适配器 CRA 模块配置	用一字旋具将 CRA 模块正面的十位旋钮开关拨到0,个位旋钮开关拨到1,设置完成后,对 RIO 机架重新上电	CRA 模块 Role Name 设置完成
4	生成、下载程序	重新生成所有项目、下载程序到 Modicon M580	程序下载完成,Modicon M580 正常运行
5	查看 Device DDT 变量	在动态数据表中,查看对应 CPU 和 CRA 模块的 Device DDT 变量:BMEP58_ECPU_EXT、EIO2_d1_r0_s0_ECRA31210: 	通过查看对应 CPU 和 CRA 模块的 Device DDT 变量值,监视 RIO 网络状态成功

（续）

序号	步骤	操作方法及说明	质量标准
6	新建 HMI 工程	启动 Vijeo Designer Basic 组态软件,新建 1 个 HMI 工程,HMI 型号选择:HMIGXU5512 设置 IP 地址为 192.168.12.4: 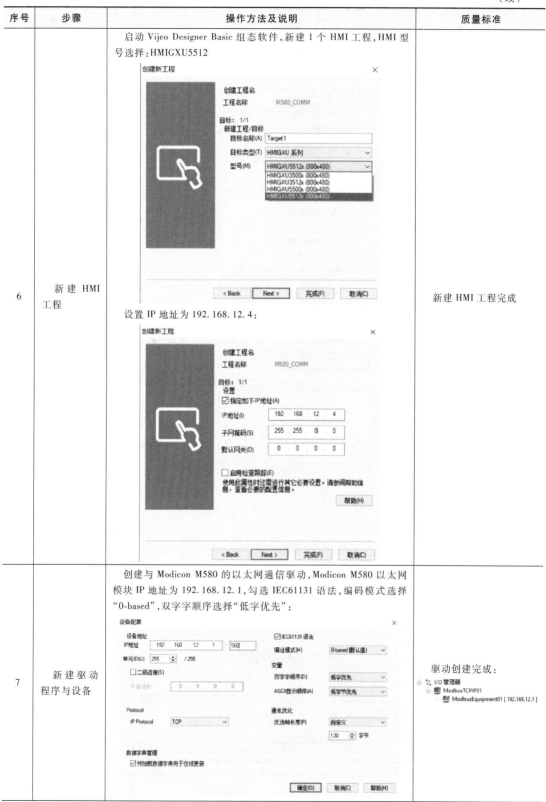	新建 HMI 工程完成

7	新建驱动程序与设备	创建与 Modicon M580 的以太网通信驱动,Modicon M580 以太网模块 IP 地址为 192.168.12.1,勾选 IEC61131 语法,编码模式选择"0-based",双字字顺序选择"低字优先":	驱动创建完成:
			□ ❏ I/O 管理器
			  □ ❏ ModbusTCPIP01
			    ❏ ModbusEquipment01 [192.168.12.1]

（续）

序号	步骤	操作方法及说明	质量标准
8	Control Expert 软件导出变量	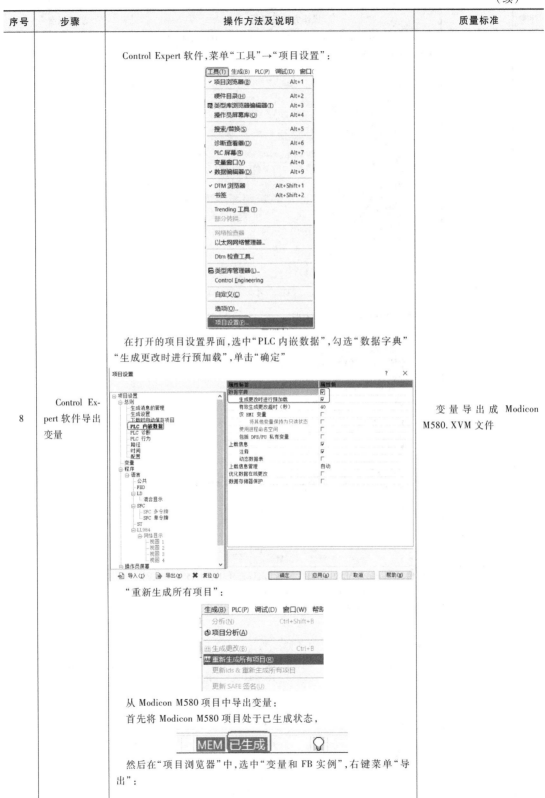 Control Expert 软件，菜单"工具"→"项目设置"： 在打开的项目设置界面，选中"PLC 内嵌数据"，勾选"数据字典""生成更改时进行预加载"，单击"确定" "重新生成所有项目"： 从 Modicon M580 项目中导出变量： 首先将 Modicon M580 项目处于已生成状态， 然后在"项目浏览器"中，选中"变量和 FB 实例"，右键菜单"导出"：	变量导出成 Modicon M580.XVM 文件

（续）

序号	步骤	操作方法及说明	质量标准
8	Control Expert 软件导出变量	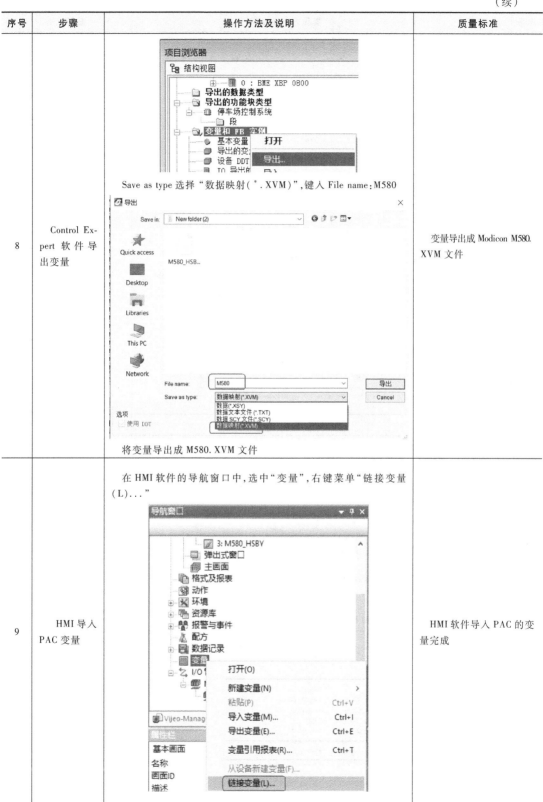 Save as type 选择"数据映射（*.XVM）"，键入 File name：M580 将变量导出成 M580.XVM 文件	变量导出成 Modicon M580.XVM 文件
9	HMI 导入 PAC 变量	在 HMI 软件的导航窗口中，选中"变量"，右键菜单"链接变量（L）..."	HMI 软件导入 PAC 的变量完成

（续）

序号	步骤	操作方法及说明	质量标准
9	HMI 导入 PAC 变量	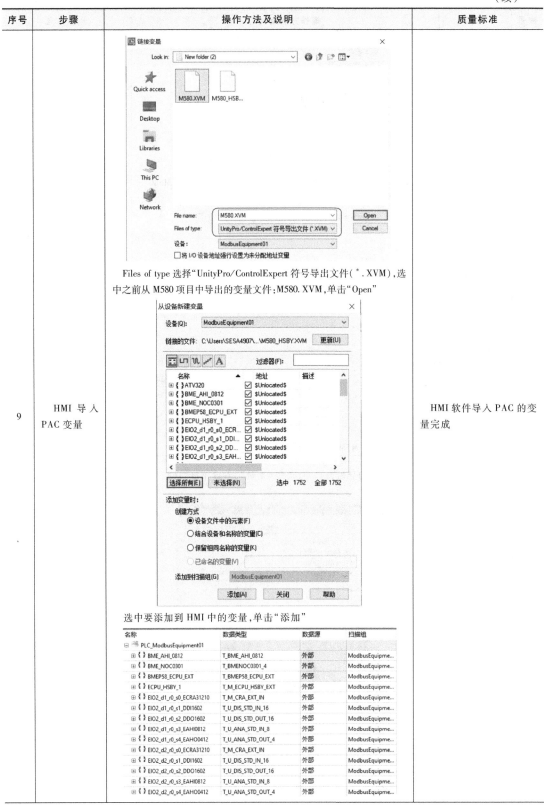Files of type 选择"UnityPro/ControlExpert 符号导出文件(＊.XVM)，选中之前从 M580 项目中导出的变量文件：M580.XVM，单击"Open" 选中要添加到 HMI 中的变量，单击"添加"	HMI 软件导入 PAC 的变量完成

（续）

序号	步骤	操作方法及说明	质量标准
10	创建画面，显示 RIO 的网络拓扑状态	创建 1 个 M580_RIO 界面： 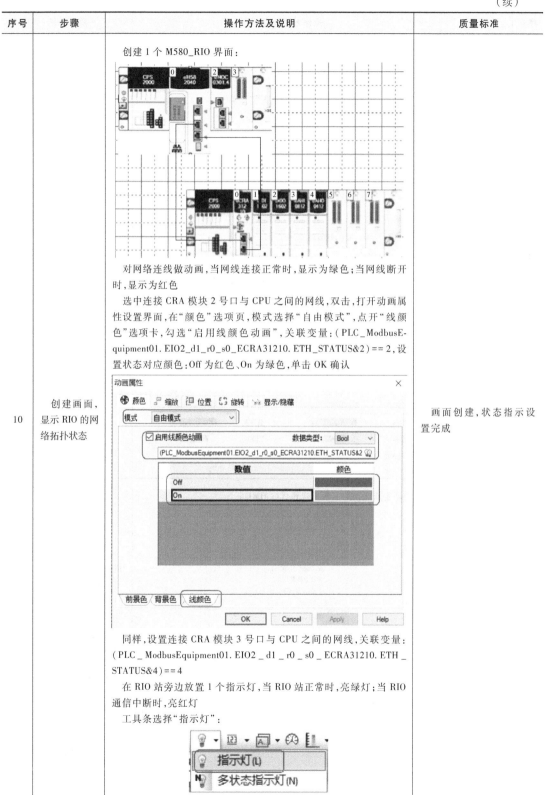 对网络连线做动画，当网线连接正常时，显示为绿色；当网线断开时，显示为红色 选中连接 CRA 模块 2 号口与 CPU 之间的网线，双击，打开动画属性设置界面，在"颜色"选项页，模式选择"自由模式"，点开"线颜色"选项卡，勾选"启用线颜色动画"，关联变量：(PLC_ModbusEquipment01. EIO2_d1_r0_s0_ECRA31210. ETH_STATUS&2) == 2，设置状态对应颜色：Off 为红色、On 为绿色，单击 OK 确认 同样，设置连接 CRA 模块 3 号口与 CPU 之间的网线，关联变量：(PLC _ ModbusEquipment01. EIO2 _ d1 _ r0 _ s0 _ ECRA31210. ETH _ STATUS&4) == 4 在 RIO 站旁边放置 1 个指示灯，当 RIO 站正常时，亮绿灯；当 RIO 通信中断时，亮红灯 工具条选择"指示灯"：	画面创建，状态指示设置完成

（续）

序号	步骤	操作方法及说明	质量标准
10	创建画面，显示 RIO 的网络拓扑状态	放置在 RIO 站旁边的区域，设置属性： **指示灯设置** 常规　颜色　标签　显示/隐藏动画 名称(N) RIO1状态　　　类别(C) 基本单元 变量(V) PLC_ModbusEquipment01.BMEP　风格(S) 10001 状态 [Off] 变量关联 M580 CPU 的 Device DDT 链接过来的变量： PLC_ModbusEquipment01.BMEP58_ECPU_EXT.DROP_HEALTH[0] 在"颜色"选项页设置指示灯显示的颜色： **指示灯设置** 常规　颜色　标签　显示/隐藏动画 名称(N) RIO1状态　　　类别(C) 基本单元 变量(V) PLC_ModbusEquipment01.BMEP　风格(S) 10001 状态 [Off] 颜色源(R) <使用本地设置> OFF / ON 文本颜色 3D 颜色 边框颜色 前景色 背景色 图案(P) 1: / 图案(A) 1: 闪烁(B) 无 / 闪烁(L) 无	画面创建，状态指示设置完成
11	验证、生成、下载	将验证生成无误的工程下载到目标 HMI： 导航窗口 M580_COMM Target1 验证(V)... 启动模拟(S) (生成) 启动设备模拟(T) 下载(W)至(USB)... 生成(B)... 清空(C)...	下载成功，工程在 HMI 中运行
12	通信调试	从 HMI 上观察 Modicon M580 与 RIO 站之间的网络拓扑状态，插拔网线，观察状态的变化	通信连通，HMI 上显示符合预期要求：

问题情境一：

问： 假如你是一名自控系统维护工程师，在 HMI 上看到一根网线连接不正常，你应该采取什么措施？

答： 当以太网环网只有一处断点时，不会影响系统的运行，但是如果不及时恢复，再有一处产生断点时，部分设备通信就会受到影响，所以一旦监视到有故障，应及时排查并处理故障，始终保证网络处于正常状态。

问题情境二：

问： 客户使用 GXU 的 HMI 触摸屏，下载时，提示输入密码，但是他忘记了下载密码，请问应该如何操作？

答： 对于有 U 盘口的 GXU 的屏，如果 U 盘传输程序没有密码保护，可以通过 U 盘重新传输程序；

对于有以太网端口的 GXU 的屏，如果以太网口没有密码保护，可以通过以太网重新传输程序；

如果以上的下载口都做了密码保护，可以联系施耐德售后，用 BootCable 进行系统恢复，恢复之后再重新传输程序。

（四）学习成果评价

序号	评价内容	评价标准	评价结果（是/否）
1	网络连接	按照实验要求连接网络	
2	Device DDT	通过 DeviceDDT 监控 Modicon M580 PAC 及 X80 I/O 网络拓扑	
3	HMI	通过 HMI 实时监控 Modicon M580 PAC 及 X80 I/O 网络拓扑	

五、课后作业

请在 HMI 上实现 I/O 模块健康状态的监控，另外做 1 个 HMI，用指示灯显示 16 个 DI 点的状态，用按钮控制 16 个 DO 点的输出。

职业能力 3.2.4　正确实现 TM3 模块基于 CANopen 总线远程控制 ATV320 变频器

一、核心概念

CAN（Controller Area Network）是由 ISO 定义的串行通信总线，由德国 Bosch 公司在 80 年代为汽车行业而研发，如今已广泛应用于工业控制领域。CAN 采用了 ISO 模型的物理层和数据链路层，CAN 总线采用短帧，增加了实时性和抗干扰能力，具有高的位速率（最高 1Mb）、高抗电磁干扰性的特点。

CAN 的应用层 CAL（CAN application layer），由 Cia（CAN In Automation）定义，CANopen 是 CAN 应用层协议，它基于信息广播的通信概念：

每一个连接总线的站点都在接收其他站点的信息，然后决定他们的动作，是否回答相关指令。

CAN 协议授权所有的站点同步访问总线，然后根据 COB-ID（each request is sending with a COB-ID）给予优先权。

CANopen 实现了 OSI 模型中的网络层以上（包括网络层）的协定。CANopen 标准包括寻址方案、数个小的通信子协定及由设备子协定所定义的应用层。CANopen 支持网络管理、设备监控及节点间的通信，其中包括一个简易的传输层，可处理资料的分段传送及其组合。CANopen 支持循环和事件驱动型通信，让您能够最大程度地降低总线负载，同时仍保持较短的响应时间。

二、学习目标

（一）掌握如何配置 TM3 分布式 I/O 模块的 CANopen 通信
（二）掌握如何配置 Modicon M340 PLC 的 CANopen 通信
（三）掌握如何配置 ATV320 变频器的 CANopen 通信参数
（四）正确实现 TM3 与 Modicon M340 之间的 CANopen 总线通信
（五）正确实现 ATV320 与 Modicon M340 之间的 CANopen 总线通信
（六）正确实现 TM3 模块基于 CANopen 总线远程控制 ATV320 变频器

三、基础知识

在本实验系统架构中，将 CANopen 远程 IO 模块 TM3 和 ATV320 变频器集成到 Modicon M340 PLC 控制系统的 CANopen 总线中，编写相应控制程序，实现 CANopen 远程 IO 对 ATV320 变频器的远程控制。

该实验网络架构如图 3-69 所示：

（一）Modicon M340 的 CANopen 总线

Modicon M340 是一款中型可编程序控制器（PLC）（见图 3-70），主要应用于复杂设备或者中小型项目的控制，一个完整的控制系统由机架以及安装在机架上的电源模块、CPU模块、通信模块、I/O 模块组成。

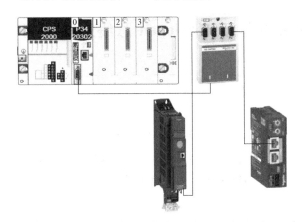

图 3-69　实验网络架构

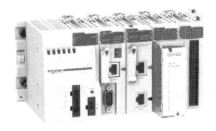

图 3-70　Modicon M340 PLC 外观图

本实验台所使用的 Modicon M340 CPU 型号为 BMXP3420302（见图 3-71），该 CPU 上集成 Modbus TCP 以太网和 CANopen 总线主站接口：

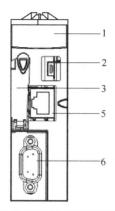

编号	描 述
1	LED 显示面板
2	USB 连接端口
3	SD 卡插槽
5	Modbus TCP 以太网端口
6	CANopen 总线主站端口

图 3-71 Modicon M340 CPU BMXP3420302

CANopen 接口是 SUB-D9 的连接方式，图标识模块和电缆接头的引脚定义如图 3-71 所示。

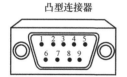
凸型连接器

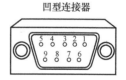
凹型连接器

引脚	信号	描述
1	—	未使用
2	CAN_L	CAN_L 信号线（Low）
3	CAN_GND	CAN 参考地
4	—	未使用
5	保留	保护地，屏蔽线
6	GND	可选参考地
7	CAN_H	CAN_H 信号线（High）
8	—	未使用
9	—	未使用

图 3-72 CANopenSUB-D9 接口和引脚定义

集成了 CANopen 端口的 CPU 上有两个 LED 灯指示 CANopen 总线状态：1 个绿色 CAN RUN LED 和 1 个红色 CAN ERR LED，如图 3-73 所示。

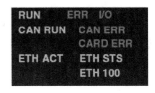

在正常运行状态下，CAN ERR LED 熄灭，而 CAN RUN LED 亮。

图 3-73　集成了 CANopen 端口的 CPU 上 LED 显示

图 3-74 的趋势图显示各个 LED 的各种可能状态：

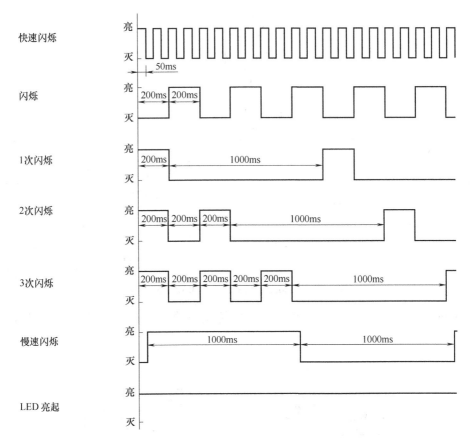

图 3-74　LED 闪烁状态

下表描述了 CAN RUN 和 CAN ERR LED 的作用：

LED	常亮	闪	闪烁	灭	慢速闪烁
CAN RUN	主站正常工作	1 次闪烁：主站停止运行 3 次闪烁：正在加载 CANopen 固件	主站处于预操作状态或正在进行初始化	—	正在启动 CANopen 主站自检
CAN ERR	总线已停止，CAN 控制器状态为 "BUS OFF"	CAN 网络受到干扰 1 次闪烁：至少一个计数器已达到或超过警报级别 2 次闪烁：监控检测到故障（节点防护或心跳）	配置无效或者逻辑配置与物理配置不同；检测到从站缺失、不同或者检测到其他从站	正常	在 CANopen 协处理器启动过程中发生异常。CANopen 主站无法启动。如果保持此状态，则必须更换 CPU

（二）TM3 模块的 CANopen 总线

TM3 模块是一款分布式 I/O，根据所使用的通信耦合器不同，它可以通过 Modbus TCP/Ethernet IP 以太网或者 CANopen 总线与 PLC 通信，作为控制系统的分布式 I/O 使用，本实验台使用的是 TM3 CANopen 总线耦合器。

TM3 CANopen 总线耦合器是在分布式架构中使用 TM3 I/O 模块时，专门用于管理 CANopen 通信的设备。TM3 CANopen 总线耦合器如图 3-75 所示。

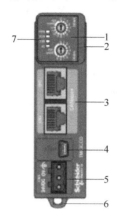

编号	描述	编号	描述
1	旋转开关	5	DC 24V 电源
2	TM3 I/O 模块扩展连接器	6	钩锁，用于 35mmDIN 导轨
3	两个隔离型 CANopen 端口（菊花链连接）	7	状态 LED
4	USB mini-B 配置端口		

图 3-75 TM3 CANopen 总线耦合器

TM3 CANopen 总线耦合器的 LED 状态指示灯如图 3-76 所示。

LED 指示灯	颜色	状态	描述
PWR	绿色	常亮	已通电
		灭	已断电，所有 LED 指示灯均熄灭
RUN	绿色	常亮	设备状态为运行状态
		快闪	结合快闪的 ERR LED 指示总线通信速度的自动搜索
		闪烁	设备状态为预操作状态
		一次闪烁	设备状态为停止状态
		三次闪烁	固件升级
ERR	红色	常亮	总线关闭
		快闪	结合快闪的 RUN LED 指示总线通信速度的自动搜索

图 3-76 TM3 CANopen 总线耦合器 LED 灯指示状态

（续）

LED 指示灯	颜色	状态	描述
ERR	红色	闪烁	CANopen 堆栈配置无效
		一次闪烁	CAN 控制器中的内部错误计数器已达到或超过错误帧限制阈值（错误帧）
		两次闪烁	检测到错误控制事件。检测到保护事件（NMT 从站或 NMT 主站）或者心跳事件（心跳消费者）
		三次闪烁	检测到同步错误：未在定义的时间内从同步生产者接收到消息
		四次闪烁	检测到事件定时器错误：在事件定时器超时前，未接收到预期的 PDO
		灭	未检测到错误
I/O	绿色	闪烁	设备已接收并已应用扩展模块配置
		常亮	设备正与扩展模块通信
	红色	一次闪烁	扩展模块配置传输超时
	绿色红色	闪烁常亮	物理配置与软件配置不一致，当前未发生数据交换（状态和 I/O）
	绿色红色	常亮常亮	物理配置与软件配置不一致，未应用 I/O 数据
	绿色红色	常亮闪烁	至少一个 TM3 扩展 I/O 模块连续 10 个周期未响应总线耦合器
		灭	无配置，设备当前未与扩展模块通信

图 3-76　TM3 CANopen 总线耦合器 LED 灯指示状态（续）

TM3 CANopen 总线耦合器前面板上的两个旋转开关（见图 3-77）用于设置 CANopen 通信速率和 CANopen 从站地址。

1. 通信速率设置

TM3 CANopen 总线耦合器仅在通电期间才检测旋转开关的新通信速率选择。通信速率被写入非易失性存储器。

图 3-77　TM3 CANopen 总线耦合器前面板旋转开关

设置通信速率的方法：将 TM3 CANopen 总线耦合器断电，使用 2mm 或 2.5mm 的一字旋具，将 ONES 旋转开关设置为任意一个未编号的位置（not used），可使总线耦合器做好准备接受新的通信速率，然后将 TENS 旋转开关设置到与所选通信速率对应的位置：

TENS 旋转开关位置	通信速率	TENS 旋转开关位置	通信速率
0	未使用	6	800kbit/s
1	20kbit/s	7	1Mbit/s
2	50kbit/s	8	自动速率检测
3	125kbit/s	9	250kbit/s（默认值）
4	250kbit/s	10~12	未使用
5	500kbit/s		

旋转开关位置设置好后，对总线耦合器上电，总线耦合器仅在接通电源时读取旋转开关设置，等待 RUN 和 ERR LED 闪烁 3 次然后常亮，总线耦合器便已将新通信速率设置写入存储器。

2. CANopen 地址设置

TM3 CANopen 总线耦合器 CANopen 从站地址（1~127，十进制值）使用两个旋转开关来配置。

设置 CANopen 从站地址的方法：将 TM3 CANopen 总线耦合器断电，使用 TENS 旋转开关来设置百位和十位数，使用 ONES 旋转开关来设置个位数，旋转开关位置设置好后，再对总线耦合器重新上电，使地址生效。

TM3 CANopen 总线耦合器的 CANopen 端口是 RJ45 的连接方式，CANopen RJ45 接口、引脚定义如图 3-78 所示。

引脚	信号	描述	引脚	信号	描述
1	CAN_H	CAN_H 信号线（High）	5	—	未使用
2	CAN_L	CAN_L 信号线（Low）	6	—	未使用
3	CAN_GND	CAN 参考地	7	—	未使用
4	—	未使用	8	—	未使用

图 3-78　CANopen RJ45 接口定义

USB 端口可以将 TM3 CANopen 总线耦合器连接到 PC，专门用于固件更新、配置下载和 Web 服务器访问。

（三）ATV320 变频器的 CANopen 总线

ATV320 变频器自身集成 CANopen 总线通信接口，为 RJ45 的连接方式。也可以采用插入式通信扩展卡来实现 CANopen 总线通信，本实验台配置了 VW3A3618 CANopen 通信扩展卡来实现总线通信，总线连接方式为 SUB-D9。

VW3A3618 CANopen 通信扩展卡（见图 3-79）上有两个 LED 灯指示 CANopen 总线状态：1 个绿色 CAN RUN LED 指示 CANopen 通信状态和 1 个红色 CAN ERR LED 指示 CANopen 通信错误，表 3-1 描述了这两个 LED 灯的用途。

图 3-79　VW3A3618 CANopen 通信扩展卡

表 3-1　LED 灯的用途

LED	常亮	闪	闪烁	灭
CAN RUN	ATV320 变频器处于 OPERATIONAL 状态	1 次闪烁：ATV320 变频器处于 STOPPED 状态	ATV320 变频器处于 PRE-OPERATIONAL 状态	CANopen 控制器处于 OFF 状态

（续）

LED	常亮	闪	闪烁	灭
CAN ERR	CANopen 控制器处于 BUS OFF 状态	1 次闪烁：检测到 ATV320 变频器的 CANopen 控制器报告的错误（例如：检测到很多错误帧） 2 次闪烁：监控检测到故障（节点防护或心跳）	—	没有检测到错误

ATV320 变频器的 CANopen 总线通信参数可以通过［Configuration］（COnF-），［Full］（FULL-），［Communication］（COM-）菜单和［CANopen］（Cno-）子菜单访问设置：

参数描述	值	权限
［CANopen Address］（AdCo）：此参数定义总线上变频器的地址，重新上电生效	OFF：未分配 CANopen 地址 1~127：变频器总线地址	R/W
［CANopen Baudrate］（bdCo）：此参数定义数据传输的波特率，重新上电生效	50：50kbit/s 125：125kbit/s 250：250kbit/s 500：500kbit/s 1n：1Mbit/s 默认配置为 250kbit/s	R/W
［CANopen Error］（ErCo）：此参数表示最近一次检测到的活动 CANopen 错误	0：没有检测到错误 1：总线关闭或者 CAN 超时 2：节点保护错误，需要返回到 NMT 初始化状态 3：CAN 超时 4：心跳错误，需要返回到 NMT 初始化状态 5：NMT 状态图错误	Readonly

（四）CANopen 集线器

CANopen 集线器 TSXCANTDM4（见图 3-80）提供 4 个 SUB-D9 的 CANopen 连接端口，可以将 4 个 CANopen 设备连接到 CANopen 总线上，TSXCANTDM4 接线如图 3-81 所示。

图 3-80　CANopen 集线器 TSXCANTDM4

用2根电缆连接

信号	接线端子1	接线端子2	导线颜色
CAN_H	CH1	CH2	白色
CAN_L	CL1	CL2	蓝色
CAN_GND	CG1	CG2	黑色
CAN_V+	V+1	V+2	红色

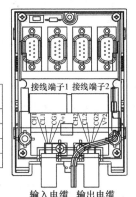

图 3-81　TSXCANTDM4 接线图

四、能力训练

（一）操作条件

1. 正确安装 Control Expert 编程软件，准备好 ATV320 变频器的 CANopen EDS 文件。

2. 正确安装 TM3 Bus Coupler IO Configurator 配置软件。

3. 正确使用电工基本工具并进行简单操作，正确使用电工测量工具并进行电路通断测量。

4. 熟悉施耐德电气 Modicon M340 实验台布局。

（二）安全及注意事项

1. 遵守用电安全基本准则，通电时应注意安全防护，保证人员安全。

2. 接通电源后，严禁用手或导体触摸各电气元件及接线端子，以免触电。

3. 按步骤规范操作，保证设备安全。

4. 完成实验后，应清点工具，关断实验台电源，整理实验台，恢复实验台原样。

（三）操作过程

序号	步骤	操作方法及说明	质量标准
1	网络架构	根据实验架构图，连接好网络： 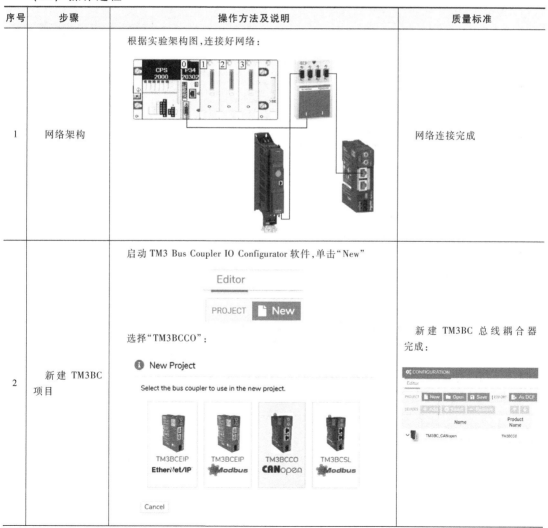	网络连接完成
2	新建 TM3BC 项目	启动 TM3 Bus Coupler IO Configurator 软件，单击"New" 选择"TM3BCCO"：	新建 TM3BC 总线耦合器完成：

（续）

序号	步骤	操作方法及说明	质量标准
3	配置 TM3 I/O 模块	选中"TM3BC_CANopen"，单击"+Add"： 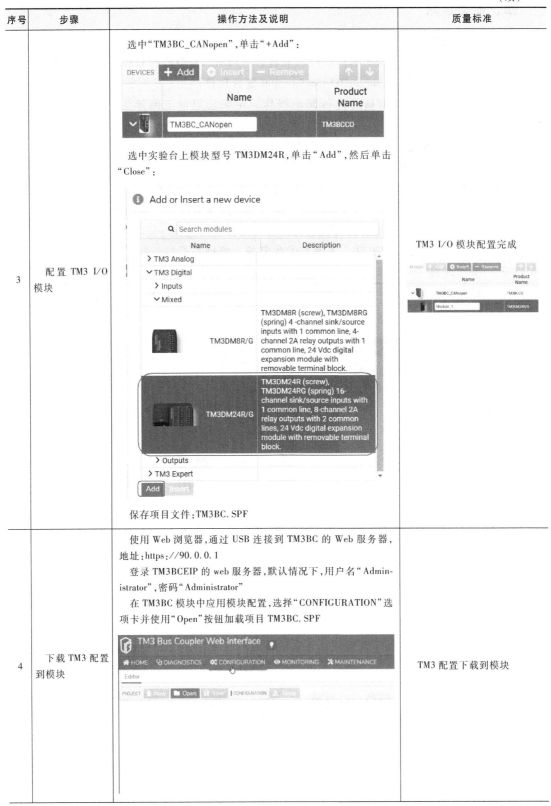 选中实验台上模块型号 TM3DM24R，单击"Add"，然后单击"Close"： 保存项目文件：TM3BC. SPF	TM3 I/O 模块配置完成
4	下载 TM3 配置到模块	使用 Web 浏览器，通过 USB 连接到 TM3BC 的 Web 服务器，地址：https://90.0.0.1 　登录 TM3BCEIP 的 web 服务器，默认情况下，用户名"Administrator"，密码"Administrator" 　在 TM3BC 模块中应用模块配置，选择"CONFIGURATION"选项卡并使用"Open"按钮加载项目 TM3BC. SPF	TM3 配置下载到模块

（续）

序号	步骤	操作方法及说明	质量标准
4	下载 TM3 配置到模块	单击按钮"Apply"下载配置。断电重新上电后,下载的配置生效 TM3 Bus Coupler Web Interface ⌂ HOME ⏻ DIAGNOSTICS ⚙ CONFIGURATION ◉ MONITORING ✖ MAINTENANCE Editor PROJECT New Open Save CONFIGURATION Apply DEVICES Add Insert Remove Name Product Name	TM3 配置下载到模块
5	TM3 总线耦合器总线参数设置	将 TM3 CANopen 总线耦合器断电,使用 2mm 或 2.5mm 的一字旋具,将 ONES 旋转开关设置到任意一个未编号的位置(not used),然后将 TENS 旋转开关设置到 4,设置通信速率为 250kbit/s,对总线耦合器重新上电,等待 RUN 和 ERR LED 闪烁 3 次,然后常亮 将 TM3 CANopen 总线耦合器断电,将 TENS 旋转开关拨到 0,ONES 旋转开关拨到 1,再对总线耦合器重新上电,从站地址设为 1	TM3 总线耦合器 CANopen 通信速率设为 250kbit/s,从站地址设为 1
6	导出 TM3 CANopen 配置文件 *.DCF	回到 TM3 Bus Coupler IO Configurator 软件,单击"As DCF": ⚙ CONFIGURATION Editor PROJECT New Open Save EXPORT As DCF DEVICES Add Insert Remove E Name Product Name ∨ TM3BC_CANopen TM3BCCO Module_1 TM3DM24R/G 0 DCF Export Please adjust the target firmware version if necessary Firmware Version 2 . 0 . 9 Cancel Export data:application/octet-stream;base64,W02 ← → ↑ This PC › Desktop Organize ▾ New folder 职校教材编写 Box This PC 3D Objects Desktop Documents Downloads Music Pictures Videos File name: TM3BC_CANopen.dcf Save as type: dcf (*.dcf)	导出 TM3 CANopen 配置文件 TM3BC_CANopen.dcf,保存到计算机

（续）

序号	步骤	操作方法及说明	质量标准
7	TM3 配置文件导入 Control Expert 软件	计算机开始菜单→Ecostruxure Control Expert→硬件目录编辑器： 选择"CANopen"选项界面，选中"分布式 I/O"，右键菜单"添加设备"： 文件类型选择为"DCF 文件"，选中上一步导出保存的 TM3 CANopen 配置文件，单击"Open"： 单击"确定"	TM3 CANopen 配置 DCF 文件导入 Control Expert 软件：

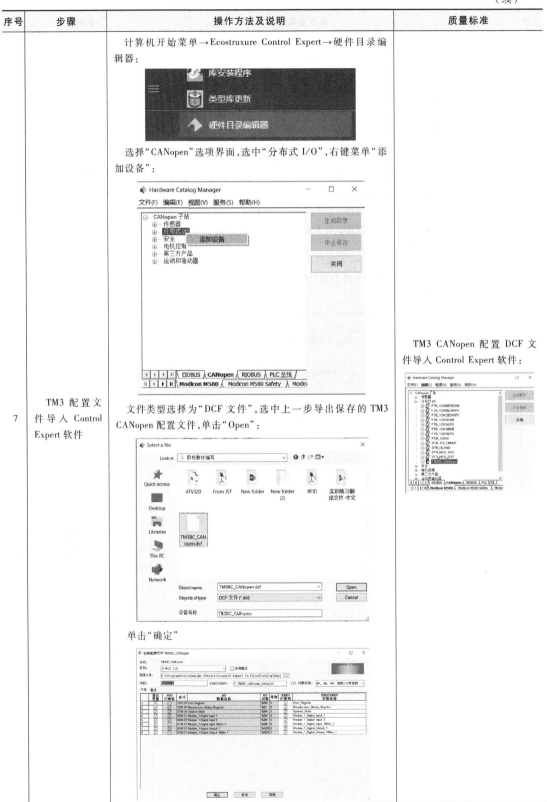

（续）

序号	步骤	操作方法及说明	质量标准
7	TM3 配置文件导入 Control Expert 软件	TM3BC 添加到分布式 I/O 列表中，单击"生成目录"：生成结束后，关闭窗口	TM3 CANopen 配置 DCF 文件导入 Control Expert 软件：
8	设置 ATV320 变频器的 CANopen 通信参数	在变频器的集成显示终端设置 CANopen 通信参数： COnF→FULL→COM→CnO AdCo（CANopen 地址）：2 bdCo（CANopen 波特率）：250kbit/s 设置完成后，重新上电	ATV320 变频器的 CANopen 通信速率设为 250kbit/s，从站地址设为 2
9	设置 ATV320 变频器的控制参数	1. 给定通道 1 设置为通信卡： COnF→FULL→CTL（命令）→Fr1（给定通道 1）→CAn（CANopen） 2. 设置 IO 模式： COnF→FULL→CTL（命令）→CHCF（组合模式）→IO（IO 模式），长按 2 秒，确认选择 3. 命令通道 1 设置为通信卡： COnF→FULL→CTL（命令）→Cd1（命令通道 1）→CAn（CANopen）	设置 ATV320 变频器的控制模式为 I/O 模式，控制通道和给定频率从 CANopen 总线上获取
10	导入 ATV320 变频器的 eds 文件到 Control Expert 软件	PC 开始菜单→Ecostruxure Control Expert→硬件目录编辑器：选择"CANopen"选项界面，选中"运动和驱动器"，右键菜单"添加设备"：	ATV320 CANopen 配置 EDS 文件导入 Control Expert 软件

（续）

序号	步骤	操作方法及说明	质量标准
10	导入 ATV320 变频器的 eds 文件到 Control Expert 软件	 文件类型选择为"EDS 文件",选中上一步导出保存的 ATV320 CANopen 配置文件,单击"Open": 单击"确定":	ATV320 CANopen 配置 EDS 文件导入 Control Expert 软件

（续）

序号	步骤	操作方法及说明	质量标准
10	导入 ATV320 变频器的 eds 文件到 Control Expert 软件	ATV320 添加到运动和驱动器列表中，单击"生成目录"： 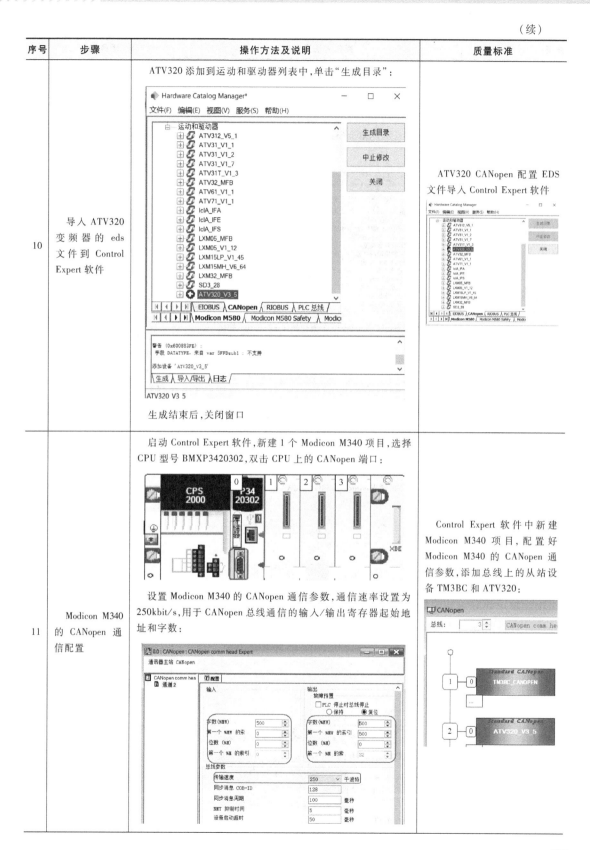 生成结束后，关闭窗口	ATV320 CANopen 配置 EDS 文件导入 Control Expert 软件
11	Modicon M340 的 CANopen 通信配置	启动 Control Expert 软件，新建 1 个 Modicon M340 项目，选择 CPU 型号 BMXP3420302，双击 CPU 上的 CANopen 端口： 设置 Modicon M340 的 CANopen 通信参数，通信速率设置为 250kbit/s，用于 CANopen 总线通信的输入/输出寄存器起始地址和字数：	Control Expert 软件中新建 Modicon M340 项目，配置好 Modicon M340 的 CANopen 通信参数，添加总线上的从站设备 TM3BC 和 ATV320：

（续）

序号	步骤	操作方法及说明	质量标准
11	Modicon M340 的 CANopen 通信配置	配置完成后，单击工具条上的确认按钮，确认配置： 在项目浏览器中，双击"3：CANopen"，选中空节点，右键菜单"新设备"： 选中 TM3BC_CANopen，填入拓扑地址：1，单击"确定"： TM3BC 添加到 Modicon M340 的 CANopen 总线中，从站地址为 1： 选中空节点，右键菜单"新设备"，选中 ATV320_V3_5，填入拓扑地址：2，点击"确定"： ATV320 添加到 M340 的 CANopen 总线中，从站地址为 2： 保存 M340 项目	Control Expert 软件中新建 Modicon M340 项目，配置好 Modicon M340 的 CANopen 通信参数，添加总线上的从站设备 TM3BC 和 ATV320：

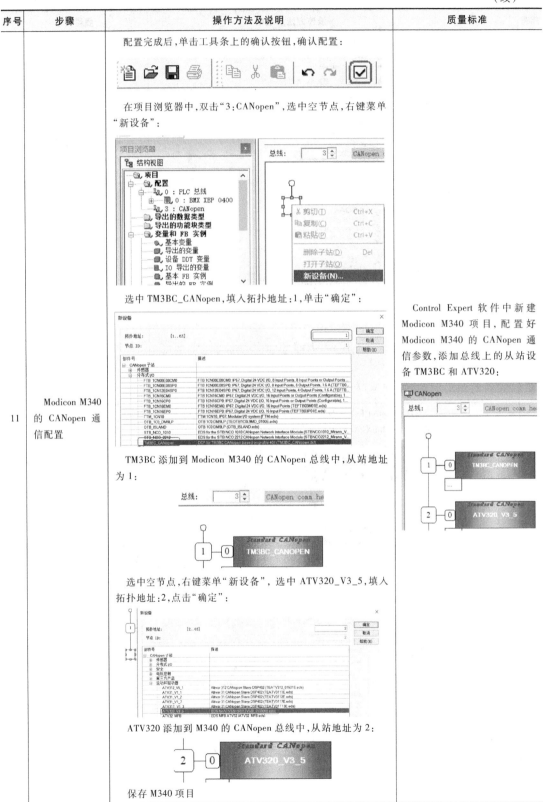

（续）

序号	步骤	操作方法及说明	质量标准
12	项目生成	生成标准模式下的可执行文件，菜单"生成"→"重新生成所有项目"： 生成(B) PLC(P) 调试(D) 窗口(W) 帮助 分析(N)　　　　　　　　Ctrl+Shift+B 项目分析(A) 生成更改(B)　　　　　　Ctrl+B 重新生成所有项目(R) 更新Ids & 重新生成所有项目 更新 SAFE 签名(U)	"项目已生成"： USB:SYS　　　MEM 已生成
13	从站设备 PDO 通信配置	在 CANopen 从站设备配置界面，双击点开从站设备，即可查看到当前已经配置好的 PDO 通信变量，右键单击 PDO *，可在选中的 PDO 下继续添加通信变量，每个 PDO 支持 8 字节的通信变量： 当前实验可以保持默认的 PDO 通信变量配置，表格中可以查看到设备通信 PDO 变量与 Modicon M340 内存变量的对应关系： TM3BC: ATV320: 	分别查看 TM3、ATV320 的 PDO 通信变量与 Modicon M340 内存变量的对应关系

（续）

序号	步骤	操作方法及说明	质量标准
14	生成、下载 Modicon M340 项目	重新生成所有项目，并通过 USB 编程电缆将项目传输到 Modicon M340	下载完成，Modicon M340 PLC 正常运行
15	TM3BC 与 Modicon M340 通信测试	计算机通过 USB 编程电缆连接到 Modicon M340，打开动态数据表监控 在动态数据表中监视 %MW4~%MW5 寄存器的数值，拨动连接到 TM3 DI 模块的仿真板上的通道开关，改变 TM3 DI 模块通道值，观察 %MW4~%MW5 寄存器数值的变化 改变%MW500 寄存器的值，观察 TM3 DO 模块输出通道 LED 灯的变化	TM3BC 与 Modicon M340 通信测试正常 读到 TM3 的 16 个 DI 值： 修改(M)　强制(F) 名称　　值　　类型 %MW4　2#0000_0000_1111_1111　INT %MW5　2#0000_0000_1111_1111　INT 输出 DO： %MW500　2#0000_0000_1000_0001　INT
16	ATV320 变频器与 Modicon M340 通信测试	计算机通过 USB 编程电缆连接到 Modicon M340，打开动态数据表监控 在动态数据表中监视%MW490~%MW492 寄存器的数值 将%MW949 置 1，电机起动正转，改变%MW950 寄存器的值，ATV320 变频器的给定转速发生变化 （为了避免"输出缺相"报警，可以设置 COnF→FULL→FLT（故障管理）→OPL-（输出缺相）→OPL→no，长按 2s 确认）	ATV320 变频器与 Modicon M340 通信测试正常 动态数据表中监控： 修改(M)　强制(F) 称　　值　　类型 %MW490　1591　INT %MW492　100　INT %MW949　1　INT %MW950　100　INT
17	TM3 远程控制 ATV320 变频器通信测试	在 Control Expert 软件，Modicon M340 项目中，编写一段程序，将读取到的 TM3 DI0 通道的值，用于控制 ATV320 变频器的控制字第 0 位	拨动连接到 TM3 DI 模块的仿真板上的 DI0 通道开关，实现对 ATV320 变频器输出电机的起动/停止控制
附	变频器故障复位方法	当变频器报故障后，如果故障原因已经消失，当被赋值的输入或位变为 1 时手动清除检测到的故障。下列检测到的故障可被手动清除：ASF、brF、bLF、CnF、COF、dLF、EPF1、EPF2、FbES、FCF2、InF9、InFA、InFb、LCF、LFF3、ObF、OHF、OLC、OLF、OPF1、OPF2、OSF、OtFL、PHF、PtFL、SCF4、SCF5、SLF1、SLF2、SLF3、SOF、SPF、SSF、tJF、tnF 与 ULF 操作方法： COnF→FULL→FLt（故障管理）→rSt-（故障复位）→rSF（故障复位）→LI4（逻辑输入 4，对应实验台的 LI4 旋转开关）	设置后，当变频器出现故障报警时，可通过 LI4 旋转开关复位

问题情境一：

问：假如你是一名自控系统调试工程师，现场设备 CANopen 总线通信不通，应如何处理？

答：可以从以下几方面排查故障：

1. 检查总线各设备的通信速率设置是否一致，是否满足布线距离与速率限制的要求；

2. 检查各从站的地址设置是否正确；

3. 总线两端120Ω 终端电阻是否连接好；

4. CAN_H 与 CAN_L 是否相互接反、短路，有没有对地短路、对电源短路，电缆有没有损坏。

问题情境二：

问：如果忘记了已设置的 TM3BCCO 总线耦合器模块的网页登录密码，无法进入网页下载配置，请问怎么办？

答：使用 USB 端口连接到总线耦合器，打开网页浏览器（见图 3-82），键入 IP 地址：90.0.0.1，单击"恢复用户账户"，即可恢复默认用户名为 Administrator，密码 Administrator。

图 3-82　网页浏览器

（四）学习成果评价

序号	评价内容	评价标准	评价结果（是/否）
1	网络连接	按照实验要求连接网络	
2	TM3 配置	正确配置 TM3 I/O 模块及其总线通信参数	
3	ATV320 变频器配置	正确配置 ATV320 变频器及其总线通信参数	
4	Modicon M340 配置	正确配置 Modicon M340 的 CANopen 通信	
5	TM3BC 与 Modicon M340 通信	正确实现 TM3BC 与 Modicon M340 之间的 CANopen 总线通信	
6	ATV320 变频器与 Modicon M340 通信	正确实现 ATV320 变频器与 Modicon M340 之间的 CANopen 总线通信	
7	TM3 远程控制 ATV320 变频器	正确实现 TM3 分布式 I/O 远程控制 ATV320 变频器起停	

五、课后作业

现场有一台 Modicon M340PLC 和 TM3 分布式 I/O 站做 CANopen 总线直连通信，需要自制通信电缆，请画出 CANopen 通信电缆的接线图（注意终端电阻的连接）。

职业能力 3.2.5　正确实现 STB 模块基于以太网远程控制 ATV320 变频器

一、核心概念

随着工业以太网技术的不断发展，运营技术（Operation Technology，OT）与信息技术（Information Technology，IT）的日益融合，全以太网的控制解决方案越来越多地应用于工业现场。

二、学习目标

（一）掌握如何配置 STB 分布式 I/O 与 Modicon M580 的 Modbus TCP 通信

（二）掌握如何配置 ATV320 变频器与 Modicon M580 的 Modbus TCP 通信

（三）正确实现 STB 远程控制 ATV320 变频器

三、基础知识

在本实验系统架构中，以 Modicon M580 PAC 为中心，将 STB 作为 Modicon M580 的分布式 I/O，和 ATV320 变频器集成到 Modicon M580 控制系统的 Modbus TCP 工业以太网网络中，编写相应控制程序，通过 STB 分布式 IO 即可实现对变频器的远程控制。

该实验网络架构如图 3-83 所示。

实验所用设备 IP 地址：

M580：192.168.12.1

STB：192.168.12.6

ATV320：192.168.12.7

四、能力训练

（一）操作条件

1. 正确安装 Control Expert 编程软件。

2. 正确使用电工基本工具并进行简单操作，正确使用电工测量工具并进行电路通断测量。

3. 熟悉施耐德电气 Modicon M580 实验台布局。

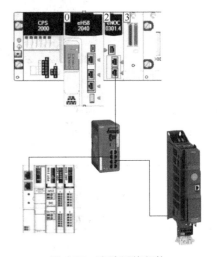

图 3-83　实验网络架构

（二）安全及注意事项

1. 遵守用电安全基本准则，通电时应注意安全防护，保证人员安全。

2. 接通电源后，严禁用手或导体触摸各电气元件及接线端子，以免触电。

3. 按步骤规范操作，保证设备安全。

4. 完成实验后，应清点工具，关断实验台电源，整理实验台，恢复实验台原样。

（三）操作过程

序号	步骤	操作方法及说明	质量标准
1	网络架构	根据实验架构图,连接好网络： 	网络连接完成

（续）

序号	步骤	操作方法及说明	质量标准
2	STB 分布式 I/O 与 Modicon M580 之间的通信配置	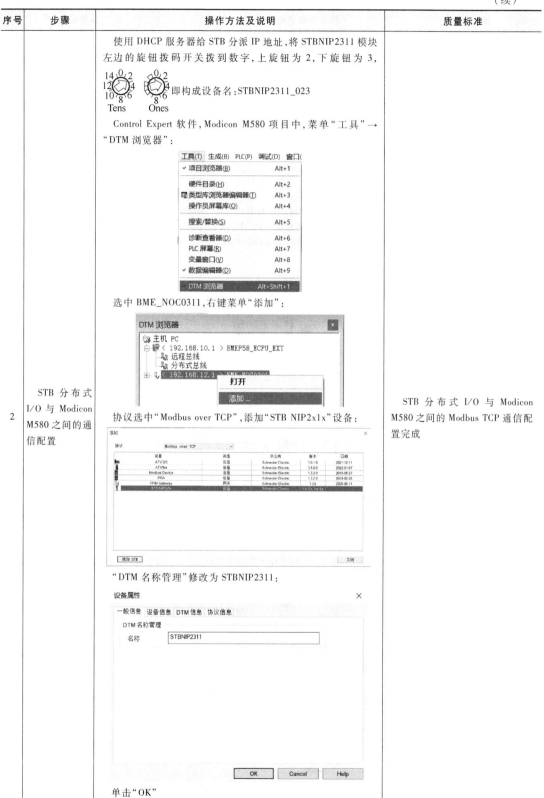	STB 分布式 I/O 与 Modicon M580 之间的 Modbus TCP 通信配置完成

（续）

序号	步骤	操作方法及说明	质量标准
2	STB 分布式 I/O 与 Modicon M580 之间的通信配置	在 DTM 浏览器中，双击"STBNIP2311"，打开配置界面： 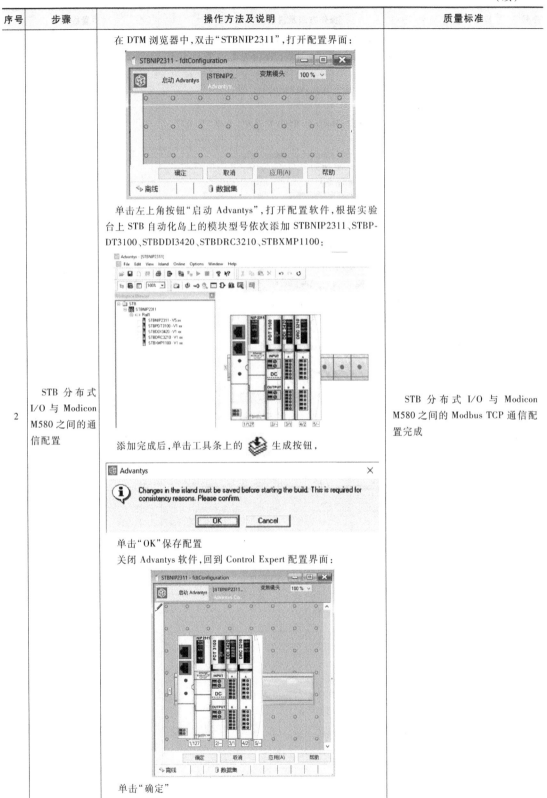 单击左上角按钮"启动 Advantys"，打开配置软件，根据实验台上 STB 自动化岛上的模块型号依次添加 STBNIP2311、STBP-DT3100、STBDDI3420、STBDRC3210、STBXMP1100； 添加完成后，单击工具条上的 生成按钮， 单击"OK"保存配置 关闭 Advantys 软件，回到 Control Expert 配置界面： 单击"确定"	STB 分布式 I/O 与 Modicon M580 之间的 Modbus TCP 通信配置完成

8

(续)

序号	步骤	操作方法及说明	质量标准
2	STB 分布式 I/O 与 Modicon M580 之间的通信配置	在 Control Expert 软件、DTM 浏览器中,双击"BME_NOC0311",点开"设备列表",选中 STBNIP2311,"地址设置"选项界面,填入 STB 的 IP 地址:192.168.12.6,"地址服务器":"此设备的 DHCP"选择为"已启用","标识符"栏填入:"STBNIP2311_023" 单击"确定" Control Expert 软件,打开"变量和 FB 实例",查看自动生成的 STB 通信变量: 这些变量在 Modicon M580 的程序中直接可用	STB 分布式 I/O 与 Modicon M580 之间的 Modbus TCP 通信配置完成
3	ATV320 变频器与 Modicon M580 之间的通信配置	1. 变频器通信参数配置 通过集成显示终端设置 ATV320 变频器的 IP 地址: COnF(配置)>FULL>COM(通信)>Cbd-(通信模块): EthM(通信协议)>MbCP(Modbus TCP) iPM(IP 模式)>MAnU(固定) IPC(IP 地址)> (IPC1)(IPC2)(IPC3)(IPC4):192 168 12 7 IPM(子网掩码)> (IPM1)(IPM2)(IPM3)(IPM4)>255 255 0 0 设置完成后,对 ATV320 变频器重新上电 2. 变频器命令参数配置 (1)给定通道 1 设置为通信卡: COnF>FULL>CTL(命令)>Fr1(给定通道 1)>nEt(通信卡) (2)设置 IO 模式:	ATV320 变频器与 Modicon M580 之间的 Modbus TCP 通信配置完成

(续)

序号	步骤	操作方法及说明	质量标准
3	ATV320 变频器与 Modicon M580 之间的通信配置	COnF>FULL>CTL(命令)>CHCF(组合模式)>IO(IO 模式)，长按 2 秒，确认选择 (3)命令通道 1 设置为通信卡： COnF>FULL>CTL(命令)>Cd1(命令通道 1)>nEt(通信卡) 3. 添加设备 Control Expert 软件，菜单"工具"→"DTM 浏览器"： 选中 BME_NOC0311，右键菜单"添加"： 协议选中"Modbus over TCP"，添加"Modbus Device"设备： DTM 名称修改为"ATV320_MB"： 单击"OK"	ATV320 变频器与 Modicon M580 之间的 Modbus TCP 通信配置完成

（续）

序号	步骤	操作方法及说明	质量标准
3	ATV320 变频器与 Modicon M580 之间的通信配置	4. 地址设置 Control Expert 软件，在 DTM 浏览器中，双击"BME_NOC0311"，点开"设备列表"，选中 ATV320_MB，"地址设置"选项界面，填入 ATV320 变频器的 IP 地址："192.168.12.7"，"地址服务器：此设备的 DHCP"选择为"已禁用"： 单击"确定" 5. 请求设置 点开"请求设置"选项界面，单击"添加请求"，"单元 ID"："248"；"读取地址"："3201"（状态字 ETA），"读取长度"："1"，"写入地址"："8501"（控制字 CMD），"写入长度"：1 再单击"添加请求"，"单元 ID"："248"；"读取地址"："8604"（转速反馈），"读取长度"："1"；"写入地址"："8602"（给定转速），"写入长度"："1" 单击"确认" 6. 变量名称定义 选中 ATV320_MB 下面的"请求 001：项目"，在输入界面，按住 Shift 键，选中 0~1 行，单击"定义项目"：	ATV320 变频器与 Modicon M580 之间的 Modbus TCP 通信配置完成

（续）

序号	步骤	操作方法及说明	质量标准
3	ATV320 变频器与 Modicon M580 之间的通信配置	"新项目数据类型"："UINT"，"项目名称"键入："ETA" 在输出界面，按住 Shift 键，选中 0~1 行，单击"定义项目"，新项目数据类型："UINT"，"项目名称"："CMD" 同样的操作方法，将请求 002，输入设置为数据类型：INT，项目名称：RFRD；输出设置为数据类型：INT，项目名称：LFRD 7. 查看通信变量 Control Expert 软件，打开"变量和 FB 实例"，查看自动生成的 ATV320 通信变量： 这些变量在 Modicon M580 的程序中直接可用	ATV320 变频器与 Modicon M580 之间的 Modbus TCP 通信配置完成
4	下载程序	重新生成所有项目、下载程序到 Modicon M580	程序下载完成，Modicon M580 正常运行
5	STB 分布式 I/O 与 M580 的通信测试	1. STB 重新上电 2. 在 Modicon M580 程序的动态数据表中监控结构变量"STBNIP2311"，拨动 STB DI 模块连接的仿真板上通道的开关，改变 STB DI 模块通道的输入值，观察 STBNIP2311. Inputs. ID3_Input_Data 的值是否有相应变化	STB 分布式 I/O 与 Modicon M580 通信测试正常

（续）

序号	步骤	操作方法及说明	质量标准
6	ATV320 变频器与 Modicon M580 的通信测试	1. ATV320 变频器重新上电 2. 在 Modicon M580 程序的动态数据表中监控结构变量 "ATV320_MB"，修改转速变量 ATV320_MB. Outputs. LFRD 为 200，ATV320_MB. Outputs. CMD 为 1，起动变频器外接的电机正转，转速为 200r/min ATV320. Outputs. CMD 为 0，电机停转 （为了避免"输出缺相"报警，可以设置 COnF>FULL>FLT（故障管理）>OPL-（输出缺相）>OPL>no，长按 2s 确认）	ATV320 变频器与 Modicon M580 通信测试正常 动态数据表监控：
7	STB 远程控制 ATV320 变频器通信测试	在 Control Expert 软件，Modicon M580 项目中，编写一段程序，将读取到的 STB DI0 通道的值，用于控制 ATV320 变频器的控制字第 0 位	拨动连接到 STB DI 模块的仿真板上的 DI0 通道开关，实现对 ATV320 变频器输出电机的起动/停止控制
附	变频器故障复位方法	当变频器报故障后，如果故障原因已经消失，当被赋值的输入或位变为 1 时手动清除检测到的故障。下列检测到的故障可手动清除：ASF、brF、bLF、CnF、COF、dLF、EPF1、EPF2、FbES、FCF2、InF9、InFA、InFb、LCF、LFF3、ObF、OHF、OLC、OLF、OPF1、OPF2、OSF、OtFL、PHF、PtFL、SCF4、SCF5、SLF1、SLF2、SLF3、SOF、SPF、SSF、tJF、tnF 与 ULF 操作方法： COnF>FULL>FLt（故障管理）>rSt-（故障复位）>rSF（故障复位）>LI4（逻辑输入 4，对应实验台的 LI4 旋转开关）	设置后，当变频器出现故障报警时，可通过 LI4 旋转开关复位

问题情境一：

问：假如你是一名自控系统调试工程师，现场有一个未知 IP 地址的设备，你需要和该设备做以太网通信，应如何处理？

答：要想办法获取该设备的 IP 地址，可以通过 Wireshark 以太网抓包软件来抓取直连设备的 IP 地址。

操作方法：便携式计算机通过网线直连未知 IP 的网络设备（先将其断电），欲知悉其 IP 地址，需先在便携式计算机上开启 Wireshark 软件，然后开启抓取此固网接口收到的 ARP 报文；接着将未知 IP 的网络设备上电。（开机上电后，此设备会试图获取所配置网关 IP 对应的 MAC 地址，于是就会向外发送 ARP 报文，ARP 报文携带自身的 IP 地址和 MAC 地址），可以在 Wireshark 软件中抓取到此报文（通过筛选 ARP 类型来过滤掉其他报文），查看到该设备的 IP 地址。

问题情境二：

问：我在 ATV320 变频器面板上设置参数时，有些菜单找不到，请问是怎么回事？应如何处理？

答：ATV320 变频器显示菜单不全的原因：1. 访问级别未设置；2. 设置了密码。

解决办法如下：

1. 如果访问等级为基本权限，需要将访问等级改成标准、高级或专家权限，具体设置路径如下：

2. 如果设置了密码，需要将密码设置为关闭，具体设置路径如下：

（四）学习成果评价

序号	评价内容	评价标准	评价结果（是/否）
1	网络连接	按照实验要求连接网络	
2	STB 与 Modicon M580 之间的通信	正确实现 STB 分布式 I/O 与 Modicon M580 之间的 Modbus TCP 通信	
3	ATV320 变频器与 Modicon M580 之间的通信	正确实现 ATV320 变频器 与 Modicon M580 之间的 Modbus TCP 通信	
4	STB 远程控制 ATV320 变频器	正确实现 STB 分布式 I/O 远程控制 ATV320 变频器起停	

五、课后作业

请编写一段程序，实现 STB 分布式 I/O 远程控制 ATV320 变频器多段转速的切换。

工作领域 4

Modicon M580热备冗余
系统的实现

工作任务 4.1　Modicon M580 热备冗余系统硬件的实现

职业能力 4.1.1　正确搭建 Modicon M580 热备冗余系统硬件架构

一、核心概念

冗余控制是一种采用两套或两套以上的设备或元器件的方式组成控制系统的控制方式。当某一设备或元器件发生故障而损坏时，它可以通过硬件、软件或人为的方式，相互切换作为后备设备或元器件，替代因故障而损坏的设备或元器件，保持系统正常工作，使控制设备因意外而导致的停机损失降到最低。在实施工业生产自动化的过程中，冗余控制是一种满足连续生产要求，提高控制系统可靠性和可用性的有效手段。

随着制造业竞争的加剧，制造商更加追求生产设备的高可用性，尤其是那些控制关键性生产工序的设备，往往需要采用冗余配置。多数基于可编程序控制器的冗余系统采用了两套 CPU 处理器模块，一个处理器模块作为主处理器，另一个作为备用处理器。正常情况下，由主处理器执行程序，控制 I/O 设备，备用处理器不断监测主处理器状态。如果主处理器出现故障，备用处理器立即接管对 I/O 的控制，继续执行控制程序，从而实现对系统的冗余控制。

二、学习目标

（一）了解过程控制中使用的冗余系统的概念及应用场合
（二）了解 Modicon M580 热备系统的硬件结构
（三）掌握如何搭建一个基本的 Modicon M580 热备系统

三、基础知识

（一）高可用性（High Availability）

可用性（Availability）定义为系统在需要时成功运行的概率，可用性通常用百分数来表示：

Availability（A）= MTBF/（MTBF+MDT），其中 MTBF 为平均故障间隔时间，MDT 平均停机时间，MDT 通常被认为是 MTTR（Mean Time to Repair）。

术语高可用性（High Availability）包含了与生产力相关的所有事情，包括可靠性和可维护性。

可靠性（Reliability）可以定义为一个设备在一段特定的时间内执行其预期功能的概率，而可维护性（Maintainability）是指系统进行变更或修复的能力。

（二）冗余

自动化控制系统的冗余可以分为三类：

- 冷备

适用于对响应时间要求不高，几乎可以不考虑，且可能需要操作员干预的进程。例如，以两台压带机为例，每台都有自己的专用控制，如果一台压带机无法操作，操作员只需起动另一台压带机即可恢复生产。

- 温备

适用于时间比较关键，但短时间中断仍然可以接受的场合。例如，可以预料到的瞬时中断，在此过程中，阀门、电机和其他设备可能会暂时关闭失去控制。

- 热备

适用于进程在任何情况下都不能宕机的情况，即使是极短时间的中断，都是不可容忍的。例如发电厂机组的控制等关键任务系统。

根据实现方式的不同，控制系统的冗余可以分为硬件冗余和软件冗余两种方式。

硬件冗余实现方式对硬件型号有所要求，但对软件并无特殊要求。系统运行过程中，总是一台控制器为主控制器，另一台为备控制器，主控制器将数据镜像给备控制器备用，一旦系统监测到主控制器异常，自动无间隙地实现备控制器的投入使用。

软件冗余投资不会太大，通过软件设计实现数据的读取、备用，系统运行过程中，两个 CPU 同时启动和运行所有应用程序，但在正常运行时只有主 CPU 发出控制命令，而备用 CPU 检测主 CPU 状态和记录主 CPU 发出的命令，当系统监测到异常时，通过软件指令实现主备控制切换。

在切换性能上，软件冗余主备切换时间比较长，一般为秒级。硬件冗余主备切换时间比较短，一般在 100 毫秒以下。

（三）Modicon M580 热备系统概述

Modicon M580 的热备系统是完全的硬件冗余系统，是一种主系统和备用系统同时运行的冗余方式。两个系统的机架配置了完全相同的硬件和软件。其中一个 PAC 用作主 PAC，它运行所有应用程序，执行程序逻辑并操作 RIO 子站和分布式设备。另一个 PAC 则用作备用 PAC，只运行指定的应用程序。每次开始扫描时，主 PAC 都会将数据更新给备用 PAC。如果主 PAC 出现异常，备用 PAC 将在一个扫描周期内接管控制权，成为主 PAC，执行所有应用程序，并控制 RIO 子站和分布式设备。主 PAC 和备用 PAC 状态可以相互切换。当 PAC 运行时，任何一个 PAC 都可以进入主 PAC 状态。当其中一个运行的 PAC 成为主 PAC 时，另一个运行中的 PAC 可能会处于备用或等待状态。EIO 和 DIO 网络由主 PAC 操作。

热备系统会持续监控自身，主 PAC 和备用 PAC 持续相互通信以确定系统的运行状态。如果有触发事件发生，热备系统将把控制权切换至备用 PAC，后者随即成为主 PAC。如果备用 PAC 停止工作,则主 PAC 会作为一个单机系统,在没有备份的情况下继续运行。

Modicon M580 热备系统的典型架构图如图 4-1 所示,主备系统拥有相同型号及固件版本的 CPU 及 SFP 同步连接器、相同型号的以太网机架、电源模块、网络模块:

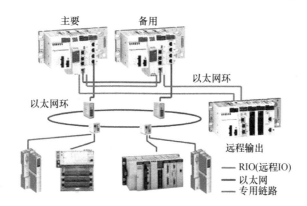

图 4-1　Modicon M580 热备系统的典型架构图

Modicon M580 热备系统所使用的 CPU 是热备专用 CPU,其硬件功能如图 4-2 所示。

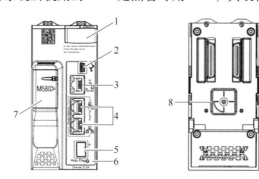

编号	描述	编号	描述
1	LED 显示屏	5	用于热备数据同步链路网线或光纤连接的 SFP 插座
2	Mini-B USB 连接器,用于 Control Expert 软件连接	6	热备同步状态链路的 LED 指示灯
3	RJ45 以太网口-服务口	7	可选 SD 内存卡的插槽
4	RJ45 以太网口-设备网络口	8	A/B/Clear 旋钮选择开关,用于将 PAC 指定为 A 机或者 B 机,或者清除 CPU 中现有的应用程序

图 4-2　热备 CPU 硬件功能

两个热备控制器 CPU 之间使用基于工业标准的网线或者光纤连接,如图 4-3 所示,连接线用于控制器之间快速数据传输,不需要任何用户配置就可在一个扫描周期内交换所有数据。两个控制器可以分开放置,使用网线,间距最远为 100m,使用光纤,两个控制器间距可达 15km。

标准双机热备控制器配置高速接口,两个控制器

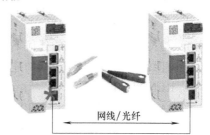

图 4-3　控制器之间的连接

之间的专用端口链路不需要特定的数据传输配置，由多核CPU自动处理。数据传输处理如图4-4所示。

数据交换分为两个步骤：

1）数据库的快照由双核CPU完成，存储在其内存中，随时可以传输。

2）双核CPU共享工作负荷，并行管理应用程序和冗余数据交换，负责将数据库从其内存发送到备用控制器。

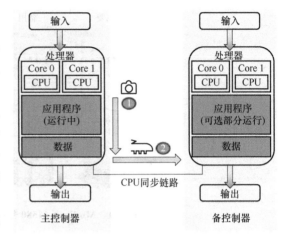

备用PAC定期通过一组系统寄存器将信息传递回主PAC。运行在备用PAC上的用户应用程序可以修改这些系统寄存器的内容。最常见的用途是提供有关备用CPU及其相关模块的健康状态信息给主PAC。

基于这种双核CPU的管理，冗余系统每交换1MB数据对扫描周期的影响小于10ms，总的影响取决于应用程序的执行时

图4-4 数据传输处理

间，如果应用程序的长度与传输的数据量相比足够长，数据传输与应用程序运行是并行进行的，则数据传输对扫描周期没有影响。

（四）Modicon M580 热备系统 CPU 状态

Modicon M580 热备 CPU 有四种基本状态：

1. RUN PRIM

该PAC运行为主机，控制全部系统和设备。

1）连续的执行应用程序（Sections）；

2）更新所有远程I/O；

3）更新所有I/O给备用CPU（如果激活），用户选择的程序和数据。

注意：如果两个PAC之间没有任何连接，两个PAC都被设为"主"（没有热备同步连接，没有EIO连接并且服务端口也没有连接）。

2. RUN STBY

该PAC运行为备机，维持就绪状态，如果主PAC出现异常时，它可以接管系统流程和设备的控制权。

1）在每一个扫描周期检测主机是否存在；

2）检测从主机CPU发来的命令；

3）告诉主机准备好接管；

4）检测固件和程序上的任何不匹配；

5）连续检查远程I/O子站的连接状态。

3. RUN WAIT

该PAC运行为等待模式，CPU处于"运行"状态，但无法用作主PAC或者备用PAC。

· 依赖于热备的设定，可以不执行或者执行指定程序，但没有I/O写入。

· 这个状态下，可以手动激活或者CPU检测到条件成熟后激活，激活时，如果PAC没

有检测到主机存在，它自己将试图运行到主机状态；如果它检测到对方 PAC 为主机，它将检测自己是否能被切到备机状态。

4. STOP

该 PAC 停机，没有运行

- 不运行应用程序；
- 没有过程控制；
- 不能成为热备系统的一部分。

（五）Modicon M580 热备系统主备机自动切换条件

Modicon M580 热备系统会持续监控进行中的系统操作，并确定要求切换的条件是否存在。在每次扫描时，主 PAC 以及备用 PAC 都会检查系统的健康状况。

在每次执行 MAST 任务之前，主 PAC 会向备用 PAC 传输系统状态和 I/O 数据，其中包括日期和时间数据。在切换时，备用 PAC 将应用此时间数据并延续相同的时间戳序列。

以下任何一个事件都会导致系统的自动切换：

- 主 PAC 停止；
- 主 PAC 检出了不可恢复的硬件或系统错误；
- 主 PAC 从 Control Expert 软件或 DEVICE DDT 收到了"停止"命令；
- 传输应用程序至主 CPU；
- 主 PAC 电源关闭，执行电源重置；
- 主 PAC 失去与所有 RIO 子站的通信，但是热备链路处于健康状态，备用 PAC 保持着至少与一个 RIO 子站的通信；
- DEVICE DDT 中的 CMD_SWAP 命令由程序逻辑或动态数据表强制命令执行；
- 手动单击 Control Expert 软件中 CPU 动态显示窗口的任务选项卡中的热备切换按钮。

（六）Modicon M580 热备系统切换的影响

如果主 PAC 和备用 PAC 都在正常工作，则热备系统会在 15ms 内检出切换因果事件。切换完成后，原来的备用 PAC 将成为新的主 PAC 接管整个控制。

1. 切换对 IP 地址分配的影响

当相同的程序分别下载到热备系统的两个 CPU 后，主 PAC 的 CPU 和 NOC 以太网模块将获得程序中配置的 IP 主地址，备用 PAC 将被分配到 IP 主地址+1 的地址。IP 地址 A 或 IP 地址 B 将根据 CPU 模块背面的 A/B 旋钮来决定分配对象。

分布式设备在网络中与主 PAC 的 IP 主地址进行通信，当系统发生切换时，CPU 及 NOC 以太网模块的 IP 主地址会自动地从原来的主 PAC 传输给原来的备 PAC（即现在新的主 PAC），同样，IP 主地址+1 会从原来的备用 PAC 传输给原来的主 PAC。即当系统切换时，IP 主地址/IP 主地址+1 会随之发生切换，基于这种机制，分布式设备或者 SCADA 与主 PAC 的通信链路配置不必因为系统切换而改变设置。

系统主备切换不会影响到 IP 地址 A 或 IP 地址 B 的分配，因为 IP 地址 A 或 IP 地址 B 分配是由 CPU 模块背面的 A/B 旋钮决定的，不会受到主备状态变化的影响。

2. 切换对远程 RIO 输出的影响

对于 RIO 子站，输出的状态不会受到切换的影响。在热备工作期间，每个 PAC 都会与每个 RIO 子站保持独立、冗余的自有连接。视其 CPU 背面的 A/B/Clear 旋钮开关位置而定，每个 PAC 都会通过 IP 地址 A 或 IP 地址 B 来建立这种连接。当切换发生时，新的主 PAC 会通过其之前已有的冗余自有连接与 RIO 进行通信。

3. 切换对分布式设备输出的影响

切换期间分布式设备输出的行为取决于该设备是否支持保持时间。如果该设备并不支持保持时间，其输出很有可能会在与主 PAC 的连接中断时转向故障预置状态，并会在重新连接上新的主 PAC 之后恢复其状态。要实现这种无干扰的行为，输出必须支持足够长的保持时间。

（七）热备系统应用场合

热备系统主要应用于那些不能容忍停机的关键过程控制，例如：石油天然气、化工精炼、矿业等行业；以及基础设施，例如照明及跑道控制、水处理、配电系统及隧道监测和安全控制，这些应用将热备冗余解决方案与分布式以太网相结合，以提高安全性和控制能力。

四、能力训练

（一）操作条件

1. 正确安装 Control Expert 编程软件。

2. 正确使用电工基本工具并进行简单操作，正确使用电工测量工具并进行电路通断测量。

3. 熟悉施耐德电气 Modicon M580 实验台布局。

（二）安全及注意事项

1. 遵守用电安全基本准则，通电时应注意安全防护，保证人员安全。

2. 接通电源后，严禁用手或导体触摸各电气元件及接线端子，以免触电。

3. 按步骤规范操作，保证设备安全。

（三）操作过程

序号	步骤	操作方法及说明	质量标准
1	配置 CPU 标识	在开始冗余项目之前,确定哪个 CPU 设置为 CPU A 或者 CPU B 在 CPU 模块的背面,有一个小旋钮开关: 用小一字旋具把左边机架 CPU 的开关旋到对准 A 位置,将其设定为 CPU A,将右边机架 CPU 的开关旋到对准 B 位置,将其设定为 CPU B	面向实验台,左边机架的 CPU 设为 A,右边机架的 CPU 设为 B

(续)

序号	步骤	操作方法及说明	质量标准
2	安装 CPU	机架断电,将两个 CPU 分别安装到两个本地机架上,将 SFP 接头安装到 CPU 的同步插槽: SFP技术 RJ45 光纤 检查热备系统所需的硬件是否齐全	安装好 CPU 及同步连接器
3	搭建热备架构	1. 使用两个 Modicon M580 实验台上的设备,断电,搭建一个包含 RIO 的简单菊花链环网的 Modicon M580 热备架构 2. 上电,观察 Modicon M580 CPU 和 CRA 模块的 LED 灯状态	热备架构搭建完成: 主要 备用 CPU同步链接

问题情境一:

问: 假如你是一名自控系统设计工程师,在设计一个城市大型水厂提升泵房控制系统时,应该选用什么控制系统?

答: 大型水厂提升泵房控制系统对设备的连续运行要求很高,一旦故障停机会中断城市供水,影响到人们的生产、生活,所以选择控制系统时,应该选择热备冗余的控制系统,当一套控制系统出现故障时,无扰切换到另一套控制系统运行,可以实现 7×24 小时不停机。

问题情境二:

问: 你在搭建热备系统过程中,上电,观察到 CPU 模块上 "A" LED 灯一直不停地闪烁,请问是什么问题?应该怎么处理?

答: CPU 前面板上的 "A" "B" LED 灯亮代表当前 CPU 是 A 机还是 B 机,对应到 CPU 背面的旋钮开关位置。CPU 模块上 "A" LED 灯一直在不停地闪烁,表示热备系统检测到 A 机不是唯一的,两个 CPU 背面的旋钮开关都拨在了 "A" 位置,所以解决该问题的措施就是将其中 1 个 CPU 断电,拆下 CPU 模块,将背面的拨码开关拨到 "B" 位置,再安装回机架,重新上电。正常情况下,1 个 CPU 上亮 A 灯,另一个 CPU 上亮 B 灯。

(四)学习成果评价

序号	评价内容	评价标准	评价结果(是/否)
1	控制冗余	了解什么是控制冗余及分类	
2	Modicon M580 热备	了解 Modicon M580 热备系统的硬件结构	
3	搭建 Modicon M580 热备架构	掌握如何搭建基本的 Modicon M580 热备架构	
4	应用场合	了解什么场合需要应用热备系统	
5	实验结束设备整理	实验台完全断电,整理实验台,恢复初始状态	

五、课后作业

请描述图 4-5 所示的热备 CPU 各个部件的功能：

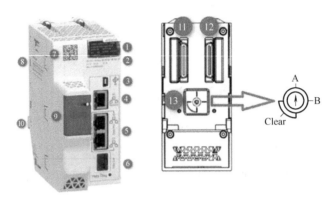

图 4-5 热备 CPU

标号	描述

工作任务 4.2 Modicon M580 热备系统调试

职业能力 4.2.1 正确实施、调试 Modicon M580 热备系统

一、核心概念

Modicon M580 热备系统是硬件冗余系统，使用热备专用 CPU，无需软件特别设置即可实现控制系统冗余，提供高可用性的解决方案。

二、学习目标

（一）掌握如何实施和管理 Modicon M580 热备系统

（二）掌握如何调试 Modicon M580 热备系统和排查故障

三、基础知识

（一）Modicon M580 热备系统硬件实施

一个热备系统基于两个相互连接、配置相同的控制器和相同的远程 I/O 网络，如果一个控制器停止工作，另一个承担起远程 I/O 网络的控制。所以实施一个 Modicon M580 热备系统的最小硬件配置（见图 4-6）是：两个型号及固件版本相同的热备专用 CPU、两个类型相同的 SFP 同步接口模块及连接线缆、两个型号相同的机架、两个型号相同的电源模块。

本地冗余机架上还可以根据需要成对地放置网络通信模块，实现通信冗余，但是不支持放置 I/O 模块，所有 I/O 模块通过 RIO 或者 DIO 的方式与热备 CPU 通信。Modicon M580 热备系统基本架构如图 4-7 所示。

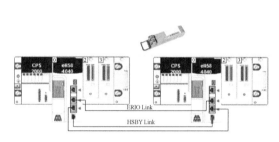

图 4-6 Modicon M580 热备系统最小硬件配置

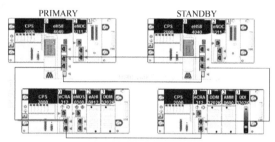

图 4-7 Modicon M580 热备系统基本架构

（二）Modicon M580 热备系统软件实施

1. Modicon M580 热备 CPU 配置

在 CPU 模块的配置窗口，点开"热备"选项界面，即进入图 4-8 所示的热备配置界面：

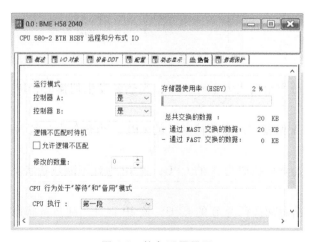

图 4-8 热备配置界面

设置		描述
运行模式	控制器 A	指定下次启动时 PAC A 和 PAC B 是否在线运行： • 是（默认配置）：PAC 会尝试在下次启动时在线运行，根据当时情况，PAC 可以做主 PAC 或备用 PAC • 否：PAC 会在下次启动时切换到"等待"或"停止"状态
	控制器 B	
逻辑不匹配时待机	允许逻辑不匹配	当主、备 CPU 运行同一应用程序的不同版本时，Modicon M580 热备系统可以继续运行。在这种情况下，两个 CPU 最初配置为相同的应用程序，但是其中一个 CPU（通常是主 CPU）的逻辑随后被修改 在线生成更改的最大次数为 1~50，当达到在线生成更改的次数限制时，需要将应用程序从主 PAC 传输至备用 PAC，然后才能够进行其他在线生成更改。"修改的数量"默认值＝20 该项参数也可在 Device DDT 中修改设置
CPU 行为处于"等待"或"备用"模式	CPU 执行	指定处于"等待"或"备用"模式的 CPU 执行的 MAST 任务的程序段：所有段、第一段（默认配置）、无任何段 注意：可以在程序段属性窗口的条件选项卡中以添加执行条件的方式，指定处于"等待"或"备用"模式的 CPU 执行某些程序段
总共交换的数据	—	条形图将显示热备数据已使用的 CPU 存储器的百分比。同时以 KB 为单位显示已交换的数据总量

图 4-8　CPU 热备配置（续）

2. 热备系统 IP 地址的分配

Modicon M580 热备系统 CPU 要求设置 3 个 IP 地址。此外，Control Expert 会自动创建和分配第 4 个 IP 地址，如图 4-9 所示。

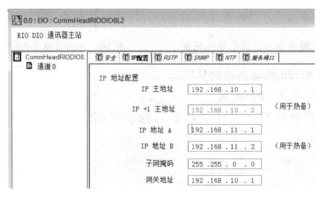

图 4-9　热备 CPU 的 IP 地址分配

IP 主地址：永远分配给模式为主的 CPU，当热备发生切换时，IP 主地址会自动分配给新的主 CPU。

IP+1 主地址：分配给备用或者等待模式的 CPU，当热备发生切换时，IP 地址会随之发生切换。

IP 地址 A：分配给背面拨码为 A 的 CPU，该 IP 地址不随热备状态改变，CPU A 使用该 IP 与 RIO 建立通信。

IP 地址 B：分配给背面拨码为 B 的 CPU，该 IP 地址不随热备状态改变，CPU B 使用该 IP 与 RIO 建立通信。

为了避免 IP 地址重复，注意不要将 IP 主地址、IP+1 主地址、IP 地址 A、IP 地址 B 这

4个IP地址分配给该热备系统网络中的其他设备使用。

3. 热备程序逻辑调试

如果在上面热备参数配置界面，CPU行为处于"等待"或"备用"模式时，设置了CPU执行第一段程序，那么建议过程控制程序逻辑从第二个程序段开始编写，第一个程序段用于编写与热备系统状态及操作相关的程序。

调试过程控制程序逻辑，首先在单个CPU上调试，另一个CPU不要上电或连接，就像调试单机应用程序一样。过程控制程序逻辑在单个CPU上调试完成后，再将同一个程序传输到热备系统的两个热备CPU，调试热备冗余系统的操作和功能。

（三）热备DDT

当在Control Expert软件中创建一个基于Modicon M580热备CPU的新项目时，系统会自动生成两个Device DDT结构化变量：

● 数据类型为T_BMEP58_ECPU_EXT的变量BMEP58_ECPU_EXT，与单机CPU相同，提供CPU集成以太网端口的状态信息。

● 数据类型为T_M_ECPU_HSBY_EXT的变量ECPU_HSBY_1，此为热备DDT（见图4-10），提供双机热备系统的命令和状态信息，包含用于管理双机热备系统的所有状态、控制和命令功能。

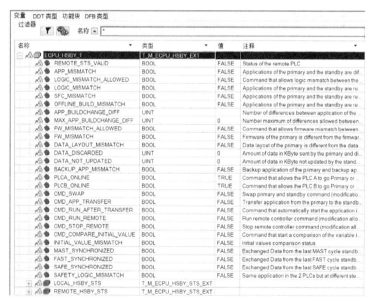

图4-10　热备DDT

Modicon M580热备DDT内容分为三个部分：

● 热备系统通用状态：包含热备系统的状态、控制和命令数据。状态数据是诊断检查的结果；系统控制数据用来定义和控制系统行为；命令用来改变热备系统状态。

● LOCAL_HSBY_STS：本地PAC信息（见图4-11），指的是当前计算机连接的PAC的状态信息，包含自由使用的64个WORD类型寄存器，在PAC的任何状态下与另一个PAC双向交换（即使是STOP状态）。

● REMOTE_HSBY_STS：另一个PAC的信息，包含从对应PAC接收到的最后一次交互

LOCAL_HSBY_STS	T_M_ECPU_HSBY_STS_EXT		
HSBY_LINK_ERROR	BOOL	TRUE	Hot-Standby Link Error (no Heart Beat connection ...
HSBY_SUPPLEMENTARY_	BOOL	TRUE	Hot-Standby Supplementary Link Error (no Heart ...
WAIT	BOOL	FALSE	The PLC is in Run but is waiting to be part of the H...
RUN_PRIMARY	BOOL	FALSE	The PLC is in Run Primary state
RUN_STANDBY	BOOL	FALSE	The PLC is in Run Standby state
STOP	BOOL		The PLC is in Stop
PLC_A	BOOL	TRUE	True: The PLC switch is on A position / False: The ...
PLC_B	BOOL	TRUE	True: The PLC switch is on B position / False: The ...
EIO_ERROR	BOOL	FALSE	The PLC does not see any of the configured EIO d...
SD_CARD_PRESENT	BOOL	FALSE	A SD_Card is inserted
LOCAL_RACK_STS	BOOL		True: The local rack is ok / False: The local rack i...
MAST_TASK_STATE	BYTE	0	State of the MAST task : - 0 : not existent; 1 : Stop; 2...
FAST_TASK_STATE	BYTE	0	State of the FAST task : - 0 : not existent; 1 : Stop; 2...
SAFE_TASK_STATE	BYTE	0	State of the SAFE task : - 0 : not existent; 1 : Stop; 2...
REGISTER	ARRAY[0..63] OF WORD		Free space to exchange information between prim...

图 4-11　本地 PAC 信息

的内容（信息有效性通过 REMOTE_STS_VALID 标识。也包含自由使用的 64 个 WORD 类型寄存器，在 PAC 的任何状态下与另一个 PAC 双向交换（即使是 STOP 状态），如图 4-12 所示。

REMOTE_HSBY_STS	T_M_ECPU_HSBY_STS_EXT		
HSBY_LINK_ERROR	BOOL	TRUE	Hot-Standby Link Error (no Heart Beat connection ...
HSBY_SUPPLEMENTARY_	BOOL	TRUE	Hot-Standby Supplementary Link Error (no Heart ...
WAIT	BOOL	FALSE	The PLC is in Run but is waiting to be part of the H...
RUN_PRIMARY	BOOL	FALSE	The PLC is in Run Primary state
RUN_STANDBY	BOOL	FALSE	The PLC is in Run Standby state
STOP	BOOL		The PLC is in Stop
PLC_A	BOOL	TRUE	True: The PLC switch is on A position / False: The ...
PLC_B	BOOL	TRUE	True: The PLC switch is on B position / False: The ...
EIO_ERROR	BOOL	FALSE	The PLC does not see any of the configured EIO d...
SD_CARD_PRESENT	BOOL	FALSE	A SD_Card is inserted
LOCAL_RACK_STS	BOOL		True: The local rack is ok / False: The local rack i...
MAST_TASK_STATE	BYTE		State of the MAST task : - 0 : not existent; 1 : Stop; 2...
FAST_TASK_STATE	BYTE		State of the FAST task : - 0 : not existent; 1 : Stop; 2...
SAFE_TASK_STATE	BYTE		State of the SAFE task : - 0 : not existent; 1 : Stop; 2...
REGISTER	ARRAY[0..63] OF WORD		Free space to exchange information between prim...

图 4-12　远端 PAC 信息

LOCAL_HSBY_STS 包含的由 64 个 WORD 数据类型组成的数组，用于本地 CPU 读/写信息，供另一个 CPU 检索。REMOTE_HSBY_STS 包含的由 64 个 WORD 数据类型组成的数组，用于本地 CPU 读取和处理来自另一个 CPU 的信息。在 PAC 的任何状态下（甚至在 STOP 模式下），可以自由使用这 64 个 WORD 类型寄存器进行数据的双向交换。热备双向交换寄存器如图 4-13 所示。

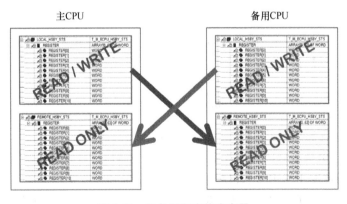

图 4-13　热备双向交换寄存器

（四）传输 Modicon M580 热备项目

在 Modicon M580 热备系统中，主 CPU 和备用 CPU 都通过运行相同的应用程序开始工作。当主CPU中运行的应用程序受到某些修改，而备用CPU没有受到同样的修改时，就会导致两个CPU之间存在逻辑不匹配。所以在修改完成后，必须将该应用程序从主CPU传输至备用CPU，从而使两个CPU再次运行相同的应用程序。我们可以通过多种方法将应用程序从主CPU传输到备用CPU：

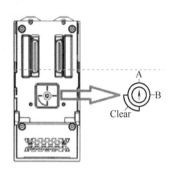

● 自动传输：如果非主CPU处于未配置状态，则主CPU会在非主CPU通电时自动地将应用程序和数据传输至非主CPU。有多种方法可将CPU置于无配置状态，其中包括：它是新设备或者将其A/B/Clear旋转选择开关先被设置为"Clear"，然后通电，即可清除CPU中已有程序，接着断电，重新设置为"B"或"A"（视主CPU的A/B指定而定，可从主CPU的LED灯显示看到）。注意：若要在重新启动时将备用CPU置于运行模式，应在通电前将主CPU的热备DDT中CMD_RUN_AFTER_TRANSFER命令设置为"True"。A/B/Clear设定如图4-14所示。

图4-14　A/B/Clear设定

● 从PC向备用CPU传输：如果装有Control Expert软件的PC已经打开了与主CPU中运行的应用程序相同的应用程序，可以将该应用程序从PC传输至备用CPU。为此，应先将PC与备用PAC的Ethernet端口或USB端口相连，然后将应用程序下载到备用CPU，如图4-15所示。

● 从主CPU向备用CPU传输：在Control Expert与主CPU相连且主和备用CPU都处于运行状态时，可以使用菜单"PLC"→"将项目从主PLC传输到备用PLC"命令，如图4-16所示。

图4-15　PC传输项目到备机

图4-16　菜单命令"将项目从主PLC传输到备用PLC"

或者使用热备DDT的CMD_APP_TRANSFER命令实现传输。如果已经使用程序逻辑或动态数据表来设置热备DDT命令CMD_RUN_AFTER_TRANSFER为1，则备用PAC会在传输完成之后立即自动开始运行，如图4-17所示。

（五）Modicon M580热备系统诊断

1. CPU模块LED

CPU模块的LED灯指示了当前CPU及热备系统的运行状态，如图4-18所示。

ECPU_HSBY_1		T_M_ECPU_HSB.
ECPU_HSBY_1.REMOTE_STS_VALID	0	BOOL
ECPU_HSBY_1.APP_MISMATCH	0	BOOL
ECPU_HSBY_1.LOGIC_MISMATCH_ALLOWED	0	**BOOL**
ECPU_HSBY_1.LOGIC_MISMATCH	0	BOOL
ECPU_HSBY_1.SFC_MISMATCH	0	BOOL
ECPU_HSBY_1.OFFLINE_BUILD_MISMATCH	0	BOOL
ECPU_HSBY_1.APP_BUILDCHANGE_DIFF	0	UINT
ECPU_HSBY_1.MAX_APP_BUILDCHANGE_DIFF	0	UINT
ECPU_HSBY_1.FW_MISMATCH_ALLOWED	0	**BOOL**
ECPU_HSBY_1.FW_MISMATCH	0	BOOL
ECPU_HSBY_1.DATA_LAYOUT_MISMATCH	0	BOOL
ECPU_HSBY_1.DATA_DISCARDED	0	UINT
ECPU_HSBY_1.DATA_NOT_UPDATED	0	UINT
ECPU_HSBY_1.BACKUP_APP_MISMATCH	0	BOOL
ECPU_HSBY_1.PLCA_ONLINE	1	**BOOL**
ECPU_HSBY_1.PLCB_ONLINE	1	**BOOL**
ECPU_HSBY_1.CMD_SWAP	0	**BOOL**
ECPU_HSBY_1.CMD_APP_TRANSFER	0	**BOOL**
ECPU_HSBY_1.CMD_RUN_AFTER_TRANSFER	1	BOOL

图4-17　通过热备DDT传输程序从主到备用CPU

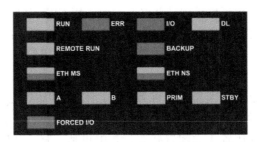

LED	功能	LED	功能
RUN	CPU 处于运行状态	ETH NS	NET STATUS：以太网连接状态
ERR	CPU 或系统发现错误状态	A	CPU 设置为 A
I/O	I/O 模块发现错误状态	B	CPU 设置为 B
DL	固件正处于下载状态中	PRIM	CPU 作为主机运行
REMOTE RUN	远端 CPU 运行中	STBY	CPU 作为备机运行，（闪烁：没有发现其他 CPU）
BACKUP	指示不一致的存储程序		
ETH MS	MOD STATUS：以太网端口配置状态	FORCED I/O	有离散量 I/O 点被强制

图 4-18 热备 CPU 模块 LED 显示

如果 RUN 常亮，CPU 处于 RUN 模式，同时 PRIM 亮，表示该 CPU 处于主机状态；ST-BY 亮，表示 CPU 处于备机状态；PRIM 和 STBY 都熄灭或者闪烁（非持续亮），表示 CPU 处于等待状态。

热备连接 LED 位于 CPU 的正面，热备链路连接器 SFP 插座的右下方，绿灯亮表示热备同步连接正常，不亮或者闪烁表示热备同步连接不正常。

2. Control Expert 软件诊断

（1）Control Expert 软件状态栏

当 Control Expert 软件连接热备系统的 CPU 后，状态栏会显示每个 PAC 的热备状态，包括 CPU A/ B 的状态、RUN_PRIMARY/RUN_STANDBY/WAIT/STOP 状态、两个 CPU 中的程序逻辑是否相同、修改次数等信息。

图 4-19 表示当前连接的 PAC 为 A，运行在主机模式，远端 PAC 为 B，运行在备机模式，两个 CPU 中的程序逻辑是相同的。

RUN | UPLOAD INFO OK | TCPIP：192.168.10.21 | A - RUN_PRIMARY / B - RUN_STANDBY / EQUAL

图 4-19 状态栏显示 1

图 4-20 表示当前连接的 PAC 为 A，运行在主机模式，远端 PAC 为 B，处于 WAIT 模式，两个 CPU 中的程序逻辑是不相同，主机程序在线修改过 4 次，修改后的程序没有传输到备机，由于程序逻辑不一致，导致 PAC B 没有运行为备机模式。

RUN | UPLOAD INFO OK | TCPIP：192.168.10.21 | A - RUN_PRIMARY / B - WAIT / DIFFERENT (4/20)

图 4-20 状态栏显示 2

（2）CPU 动态显示窗口的信息界面

当 Control Expert 软件连接热备系统的 CPU 后，硬件配置界面，双击 CPU，"动态显示"→"信息"→"热备"界面提供 Modicon M580 热备状态信息，如图 4-21 所示。

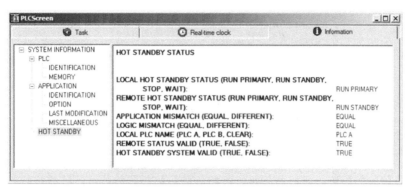

图 4-21　CPU 动态显示窗口的信息界面

（3）诊断查看器

Control Expert 软件提供系统和项目诊断，出现的错误会显示在诊断查看器中。系统诊断将自动进行，当 PAC 检测到系统错误（例如，看门狗溢出、输入/输出错误、除零等）时，信息将被发送到诊断查看器。

当软件连接到热备系统的 CPU 后，菜单"工具"→"诊断查看器"，即可打开诊断查看器，如图 4-22 所示。

图 4-22　诊断查看器

在诊断查看器中，可以查看热备系统切换相关信息及系统历史故障信息。

（4）热备 DDT 信息

通过监控热备专用 DDT 结构化变量 ECPU_HSBY_1 的信息，也可以查看热备的系统状态和操作相关命令，如图 4-23 所示。

3. CPU 网页

Modicon M580 CPU 内置 HTTP（Hypertext Transfer Protocol）服务器，提供网页访问。访问该嵌入式网页服务器界面可以获取 Modicon M580 CPU 和其他联网设备的实时诊断数据，读取和写入 Control Expert 应用程序变量的值。

ECPU_HSBY_1		T_M_ECPU_HSBY_EXT
ECPU_HSBY_1.REMOTE_STS_VALID	0	BOOL
ECPU_HSBY_1.APP_MISMATCH	0	BOOL
ECPU_HSBY_1.LOGIC_MISMATCH_ALLOWED	0	**BOOL**
ECPU_HSBY_1.LOGIC_MISMATCH	0	BOOL
ECPU_HSBY_1.SFC_MISMATCH	0	BOOL
ECPU_HSBY_1.OFFLINE_BUILD_MISMATCH	0	BOOL
ECPU_HSBY_1.APP_BUILDCHANGE_DIFF	0	UINT
ECPU_HSBY_1.MAX_APP_BUILDCHANGE_DIFF	0	UINT
ECPU_HSBY_1.FW_MISMATCH_ALLOWED	0	**BOOL**
ECPU_HSBY_1.FW_MISMATCH	0	BOOL
ECPU_HSBY_1.DATA_LAYOUT_MISMATCH	0	BOOL
ECPU_HSBY_1.DATA_DISCARDED	0	UINT
ECPU_HSBY_1.DATA_NOT_UPDATED	0	UINT
ECPU_HSBY_1.BACKUP_APP_MISMATCH	0	BOOL
ECPU_HSBY_1.PLCA_ONLINE	1	**BOOL**
ECPU_HSBY_1.PLCB_ONLINE	1	**BOOL**
ECPU_HSBY_1.CMD_SWAP	0	**BOOL**
ECPU_HSBY_1.CMD_APP_TRANSFER	0	**BOOL**
ECPU_HSBY_1.CMD_RUN_AFTER_TRANSFER	1	**BOOL**
ECPU_HSBY_1.CMD_RUN_REMOTE	0	**BOOL**
ECPU_HSBY_1.CMD_STOP_REMOTE	0	**BOOL**
ECPU_HSBY_1.CMD_COMPARE_INITIAL_VAL...	0	**BOOL**
ECPU_HSBY_1.INITIAL_VALUE_MISMATCH	0	BOOL
ECPU_HSBY_1.MAST_SYNCHRONIZED	0	BOOL
ECPU_HSBY_1.FAST_SYNCHRONIZED	0	BOOL
ECPU_HSBY_1.SAFE_SYNCHRONIZED	0	BOOL
ECPU_HSBY_1.SAFETY_LOGIC_MISMATCH	0	BOOL
ECPU_HSBY_1.LOCAL_HSBY_STS		T_M_ECPU_HSBY_STS_EXT
ECPU_HSBY_1.REMOTE_HSBY_STS		T_M_ECPU_HSBY_STS_EXT

图 4-23　热备 DDT 信息

启动网页浏览器，在地址栏键入 Modicon M580 CPU 的 IP 地址，回车即可进入 CPU Web 的主界面，如图 4-24 所示。

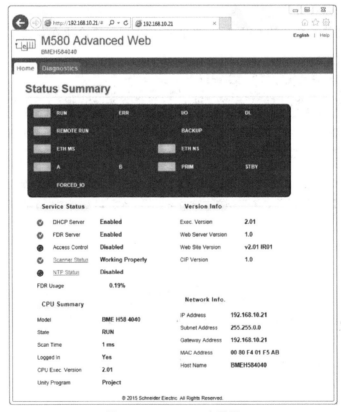

图 4-24　CPU Web 主界面

主页提供了热备 CPU 的一般有用信息：热备 CPU 前面板的 LED 灯状态，可用的以太网服务的概要状态，CPU 的固件和 Web 版本信息，MAC 地址和 IP 地址。该界面每 5s 刷新一次。

单击"Diagnostics"进入热备诊断界面，如图 4-25 所示。

图 4-25　诊断界面

这个诊断界面提供了热备系统健康状态的有用信息，例如：热备系统状态概要、系统性能、CPU 的以太网端口统计信息、I/O 扫描器状态信息、消息统计、以太网服务（QoS、NTP、冗余）。

单击"Rack Viewer"，打开机架查看器界面如图 4-26 所示。

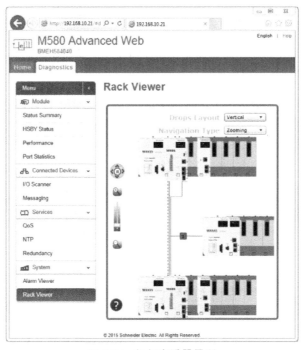

图 4-26　机架查看器界面

机架查看器界面将提供 Modicon M580 热备系统中配置的所有模块的图形布局，使用缩放功能可以从整体查看系统，也可以更仔细地查看系统细节，单击模块可以提供被选中模块更详细的信息，右键单击模块可以查看电源使用和 IO 预算等信息。

四、能力训练

（一）操作条件

1. 正确安装 Control Expert 编程软件。

2. 正确使用电工基本工具并进行简单操作，正确使用电工测量工具并进行电路通断测量。

3. 熟悉施耐德电气 Modicon M580 实验台布局。

（二）安全及注意事项

1. 遵守用电安全基本准则，通电时应注意安全防护，保证人员安全。

2. 接通电源后，严禁用手或导体触摸各电气元件及接线端子，以免触电。

3. 按步骤规范操作，保证设备安全。

4. 完成实验后，应清点工具，关断实验台电源，整理实验台，恢复实验台原样。

（三）操作过程

序号	步骤	操作方法及说明	质量标准
1	连接热备系统	使用两个 Modicon M580 实验台上的设备，断电，搭建一个包含两个 RIO 的菊花链环网的 Modicon M580 热备架构	架构搭建完成如以下示意图：
2	根据实验台实际硬件模块，新建一个 Modicon M580 热备项目	启动 Control Expert 软件，单击文件→新建(N)...菜单，在弹出的对话框中选择 Modicon M580，并选中相应的 Modicon M580 的 CPU 和机架型号： 单击"确定"	配置本地机架模块完成

（续）

序号	步骤	操作方法及说明	质量标准
2	根据实验台实际硬件模块，新建一个Modicon M580热备项目	弹出安全部署界面，用于设置应用程序密码： 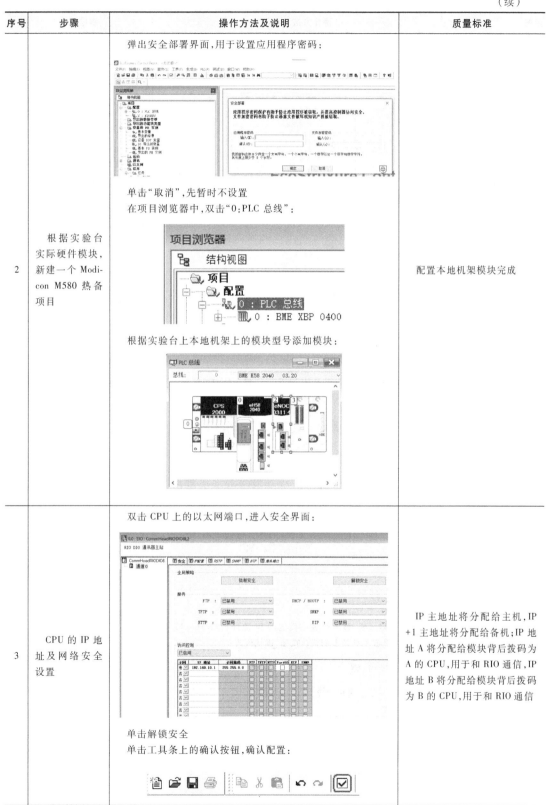 单击"取消"，先暂时不设置 在项目浏览器中，双击"0：PLC 总线"： 根据实验台上本地机架上的模块型号添加模块：	配置本地机架模块完成
3	CPU 的 IP 地址及网络安全设置	双击CPU上的以太网端口，进入安全界面： 单击解锁安全 单击工具条上的确认按钮，确认配置：	IP 主地址将分配给主机，IP+1 主地址将分配给备机；IP 地址 A 将分配给模块背后拨码为 A 的 CPU，用于和 RIO 通信，IP 地址 B 将分配给模块背后拨码为 B 的 CPU，用于和 RIO 通信

（续）

序号	步骤	操作方法及说明	质量标准
3	CPU 的 IP 地址及网络安全设置	进入 IP 配置界面： 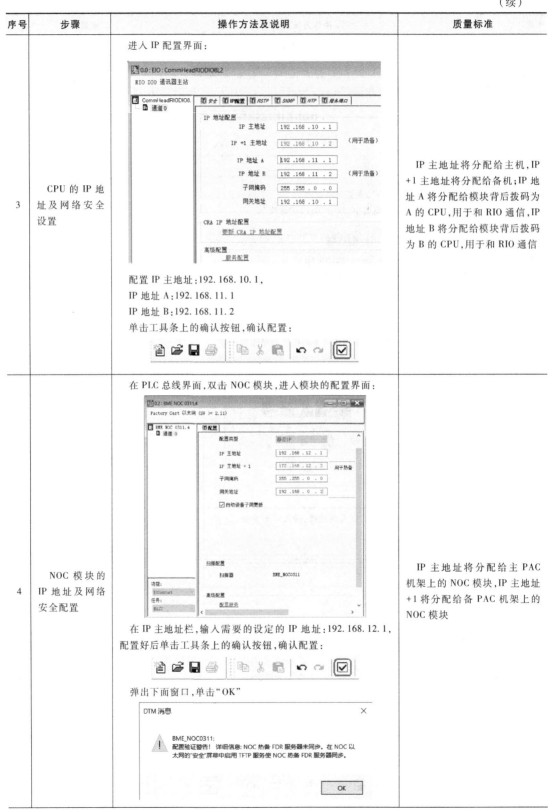 配置 IP 主地址：192.168.10.1， IP 地址 A：192.168.11.1 IP 地址 B：192.168.11.2 单击工具条上的确认按钮，确认配置：	IP 主地址将分配给主机，IP +1 主地址将分配给备机；IP 地址 A 将分配给模块背后拨码为 A 的 CPU，用于和 RIO 通信，IP 地址 B 将分配给模块背后拨码为 B 的 CPU，用于和 RIO 通信
4	NOC 模块的 IP 地址及网络安全配置	在 PLC 总线界面，双击 NOC 模块，进入模块的配置界面： 在 IP 主地址栏，输入需要的设定的 IP 地址：192.168.12.1，配置好后单击工具条上的确认按钮，确认配置： 弹出下面窗口，单击"OK"	IP 主地址将分配给主 PAC 机架上的 NOC 模块，IP 主地址 +1 将分配给备 PAC 机架上的 NOC 模块

（续）

序号	步骤	操作方法及说明	质量标准
4	NOC 模块的IP 地址及网络安全配置	单击下方界面的配置服务： 进入高级配置界面： 单击安全： 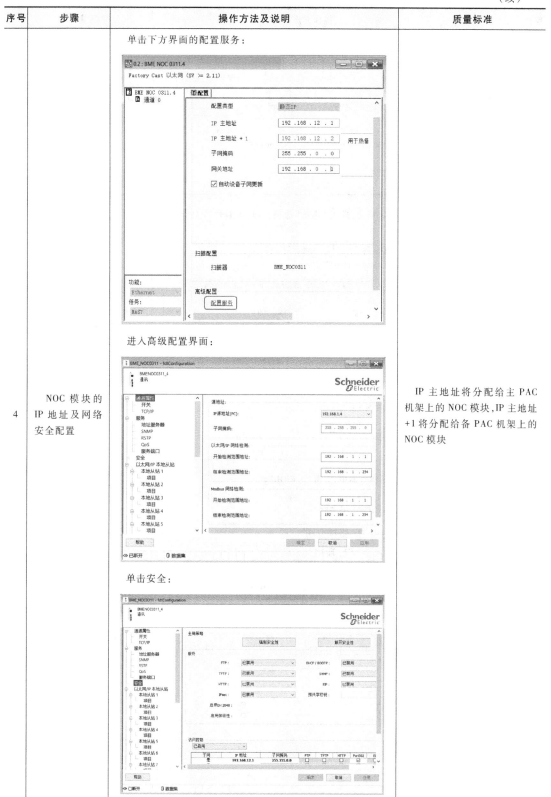	IP 主地址将分配给主 PAC 机架上的 NOC 模块，IP 主地址 +1 将分配给备 PAC 机架上的 NOC 模块

（续）

序号	步骤	操作方法及说明	质量标准
4	NOC 模块的 IP 地址及网络安全配置	在本实验中，将安全都解锁，单击解开安全性： 单击"确认"	IP 主地址将分配给主 PAC 机架上的 NOC 模块，IP 主地址 +1 将分配给备 PAC 机架上的 NOC 模块
5	热备参数	双击 CPU 模块，进入"热备"选项界面，查看热备参数默认配置：	查看热备参数配置
6	RIO 1# 站配置	1. 在项目浏览器中，双击"2:EIOBUS"： 双击空的总线占位：	RIO 1#站添加完成

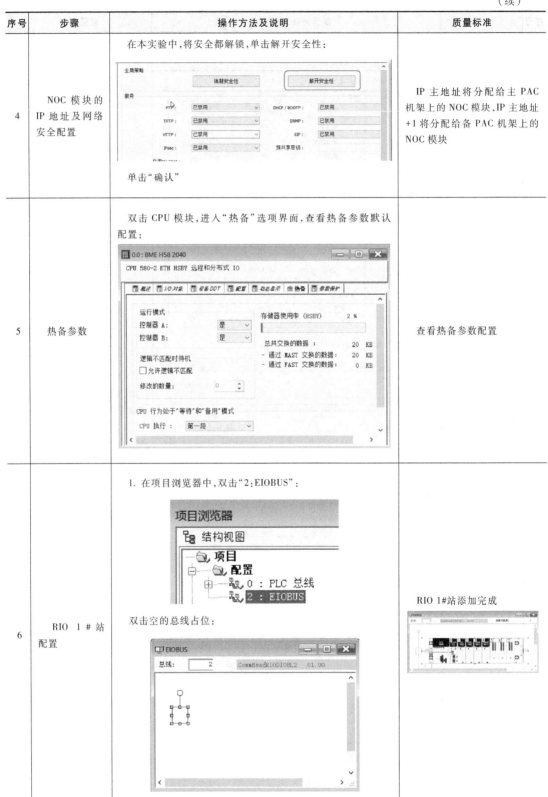

（续）

序号	步骤	操作方法及说明	质量标准
6	RIO 1 # 站配置	选择与实验台设备型号一致的机架及子站通信适配器： 单击"确定" 双击空槽位。依次按照实验台上模块的顺序添加 I/O 模块到相应的槽位： 2. 将该站的 CRA 模块前面的 10 位拨码拨到"0"，个位拨码拨到"1"	RIO 1#站添加完成
7	RIO 2 # 站配置	1. 操作方法同上，添加 RIO 2#站 2. 将该站的 CRA 模块前面的 10 位拨码拨到"0"，个位拨码拨到"2"	两个 RIO 站添加完成：
8	保存项目	单击"保存"，将项目文件保存为 Modicon M580_HSBY.STU 文件	保存项目文件完成
9	下载程序	重新生成所有项目，将程序分别下载到热备系统的两个 CPU 中	程序下载完成
10	观察 LED 灯状态及软件状态栏	程序下载完成后，运行两个 CPU，观察热备状态是否正确建立 断电，先给 CPU A 上电，再给 CPU B 上电	热备状态建立，CPU A 为主机，CPU B 为备机
11	热备切换	关断 CPU A 的电源，观察 CPU B 的状态，再给 CPU A 上电，观察其状态	CPU B 为主机，CPU A 为备机
12	热备 DDT	将 PC 通过 USB 连接到 CPU B，在"动态数据表"中监视热备 DDT，修改"CMD_SWAP"的值为 1，观察 PAC 实际状态及热备 DDT 里的数值变化	CPU A 为主机，CPU B 为备机

（续）

序号	步骤	操作方法及说明	质量标准
13	网页	将 PC 连接到 CPU A 模块（当前为主机）的服务端口，启动网页浏览器，在地址栏键入：192.168.10.1，回车，弹出安全信息，单击"OK"，进入 CPU 的主界面，观察界面上显示的信息 点开"Diagnostics"选项界面： 在界面左边的菜单中，单击"HSBY Status"，观察 CPU 的热备状态 通过软件将 CPU B STOP/RUN 状态转换，刷新网页，再观察界面显示信息的不同变化	打开 CPU 网页诊断热备状态
14	在线修改程序 1	将 PC 连接到 CPU A 模块（当前为主机）的程序，在 MAST 任务下新建 1 个程序段 TEST02，菜单命令"生成"→"生成更改"： 观察此时热备系统的状态	CPU A 为主机，CPU B 处于等待模式
15	主备程序传输 1	在"动态数据表"中监视热备 DDT，修改"CMD_RUN_AFTER_TRANSFER"的值为 1，再修改"CMD_APP_TRANSFER"的值为 1，观察此时热备系统的状态	热备状态恢复正常
16	在线修改程序 2	将 PC 连接到 CPU A 模块（当前为主机）的程序，在"动态数据表"中监视热备 DDT，修改"LOGIC_MISMATCH_ALLOWED"的值为 1，在 MAST 任务下新建 1 个程序段 TEST03，菜单命令"生成"→"生成更改"： 观察此时热备系统的状态	CPU A 为主机，CPU B 处于备机模式

（续）

序号	步骤	操作方法及说明	质量标准
17	主备程序传输2	在"动态数据表"中监视热备DDT，修改"CMD_RUN_AFTER_TRANSFER"的值为1，再修改"CMD_APP_TRANSFER"的值为1，观察此时热备系统的状态 程序修改结束并传输完成后，修改"LOGIC_MISMATCH_AL-LOWED"的值为0	热备状态恢复正常

问题情境一：

问：假如你是一名自控系统维护工程师，在CPU前面板的LED灯上看到RUN、PRIM常亮，STBY灯闪，请问如何处理？

答：RUN、PRIM常亮，表示该CPU运行在主机模式，STBY灯闪表示它找不到另一个CPU，检查另一个CPU是否上电，是否正常运行，同步电缆是否连接好。

问：假如你是一名自控系统调试工程师，热备系统正常运行，你连机在线修改了主机程序，请问如何保证主备机程序逻辑一致，热备系统不受影响？

答：在主机在线修改过程序后，要将主机修改后的程序传给备机，在Control Expert软件与主CPU相连且主机和备机CPU都处于运行状态时，可以利用以下方法之一来完成传输：

1. 使用Control Expert软件菜单PLC>将项目从主PLC传输到备用PLC命令；

2. 使用热备DDT变量ECPU_HSBY_1中的CMD_APP_TRANSFER命令。

传输完成后，将备机置于运行状态。

问题情境二：

问：假如你是一名自控系统调试工程师，在A CPU前面板的LED灯上看到RUN、PRIM常亮，B CPU前面板的LED灯上看到RUN闪烁不停、STBY常亮，请问出现了什么情况？应如何处理？

答：ACPU前面板的LED灯上RUN、PRIM常亮，表示A CPU正常运行在主机模式；B CPU前面板的LED灯上RUN闪烁不停、STBY常亮，表示B CPU停止运行了，当前热备状态没有正常建立起来。将Control Expert软件连接到主机，查看软件界面最下边的状态条，两个CPU的程序逻辑是否相同，如果是相同的，那么出现这种情况有可能是因为在线修改了程序，主机将程序传给备机后，备机没有运行。

解决方法：

1. 在热备DDT变量ECPU_HSBY_1中，将CMD_RUN_REMOTE变量置1，给另一个CPU发送运行命令；

2. 在硬件配置里，双击CPU，点开"动态显示"选项界面，在"任务"界面，单击备用控制器运行按钮，给备机发送运行命令；

3. 将Control Expert软件直接连接到B机，单击运行，将CPU置于运行状态。

正常的热备状态CPU上LED灯显示是：1个CPU前面板上的RUN、PRIM常亮，另一个CPU前面板上的RUN、STBY常亮。

（四）学习成果评价

序号	评价内容	评价标准	评价结果(是/否)
1	热备系统实现	掌握如何实现 Modicon M580 热备系统	
2	热备系统管理	了解热备系统的切换条件,掌握热备 DDT 各项参数的含义	
3	热备系统的维护	掌握如何排查热备系统故障,以保证热备系统正常工作	
4	实验结束设备整理	实验台完全断电,整理实验台,恢复初始状态	

五、课后作业

请在 TEST02 程序段中编写一段间隔时间为 1s 的跑马灯程序，输出到 1#RIO 远程子站的 DO 模块通道，当主备机发生热备切换时，观察 DO 模块的输出灯是否会受到影响。

职业能力 4.2.2　正确实现 HMI 在线监控 Modicon M580 热备系统运行状态

一、核心概念

Modicon M580 热备系统提供高可用性解决方案，为了保障 Modicon M580 热备系统始终处于正常状态，当主机出现问题时能无缝地切换到备机接管整个控制，我们需要对整个系统的状态实时监视。使用 HMI，可以图形化显示实时信息，让操作员更直观、更快速地了解当前系统的状态，一旦发现故障，及时排查。

二、学习目标

（一）掌握如何使用 HMI 连接 Modicon M580 热备系统
（二）掌握如何使用 HMI 监控 Modicon M580 热备系统

三、基础知识

当我们在 Modicon M580 项目中添加硬件模块时，Control Expert 软件会自动生成模块的 Device DDT 结构化变量，它包含了与该模块相关的状态信息，如图 4-27 所示。

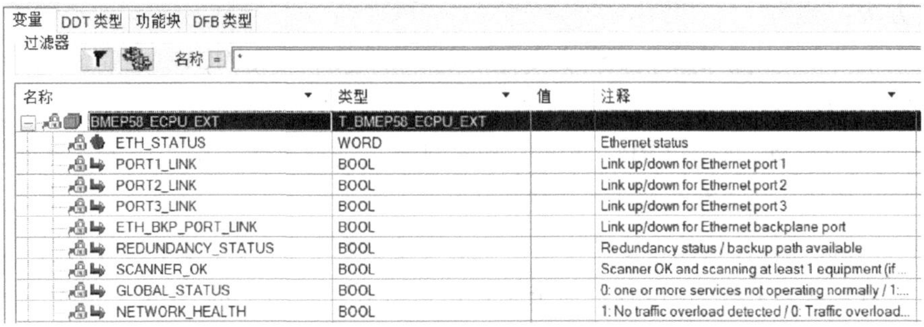

图 4-27　Device DDT 示例

监视这些 Device DDT 变量的值，即可获取模块或系统的状态信息，将这些数值通过网络传输到与 PAC 通信的 HMI，并在 HMI 上做画面关联这些变量，即可实现图形化实时监控 PAC 的信息。

在 Modicon M580 热备系统中，软件中配置的 IP 主地址将分配给主机模块，IP 主地址+1 将分配给备机模块。当主备机发生切换时，IP 主地址会随之发生切换，分配给新主机模块，所以 HMI 只需始终和 IP 主地址通信，就是在和主机通信，驱动配置与连接单机一样，无需因为连接热备冗余系统而对 I/O 管理器做特别设置。

四、能力训练

（一）操作条件

1. 正确安装 Control Expert 编程软件。

2. 正确安装 Vijeo Designer Basic 组态软件。

3. 正确使用电工基本工具并进行简单操作，正确使用电工测量工具并进行电路通断测量。

4. 熟悉施耐德电气 Modicon M580 实验台布局。该实验的网络架构如图 4-28 所示。

（二）安全及注意事项

1. 遵守用电安全基本准则，通电时应注意安全防护，保证人员安全。

2. 接通电源后，严禁用手或导体触摸各电气元件及接线端子，以免触电。

3. 按步骤规范操作，保证设备安全。

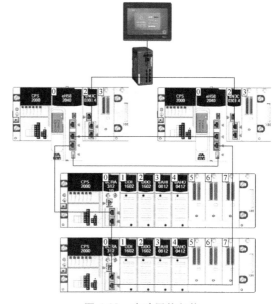

图 4-28　实验网络架构

4. 完成实验后，应清点工具，关断实验台电源，整理实验台，恢复实验台原样。

（三）操作过程

序号	步骤	操作方法及说明	质量标准
1	网络连接	根据实验网络架构图连接网络： 	网络连接完成

（续）

序号	步骤	操作方法及说明	质量标准
2	新建 HMI 工程	新建 1 个 HMI 工程，HMI 型号选择：HMIGXU5512 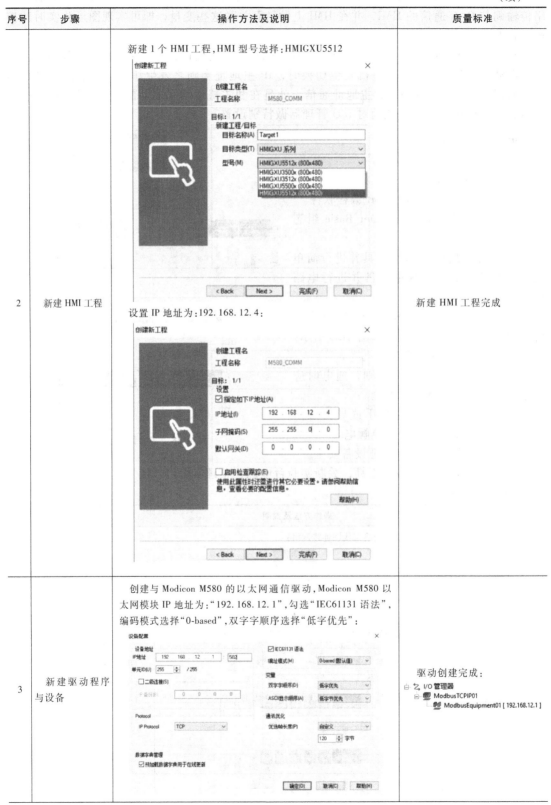 设置 IP 地址为：192.168.12.4：	新建 HMI 工程完成
3	新建驱动程序 与设备	创建与 Modicon M580 的以太网通信驱动，Modicon M580 以太网模块 IP 地址为："192.168.12.1"，勾选"IEC61131 语法"，编码模式选择"0-based"，双字字顺序选择"低字优先"：	驱动创建完成： □ I/O 管理器 　□ ModbusTCPIP01 　　ModbusEquipment01 [192.168.12.1]

（续）

序号	步骤	操作方法及说明	质量标准
4	Control Expert 软件导出变量	Control Expert 软件，菜单"工具"→"项目设置"： 在打开的项目设置界面，选中"PLC 内嵌数据"，勾选"数据字典""生成更改时进行预加载"，单击"确定"： 重新生成所有项目： 从 Modicon M580 项目中导出变量： 首先将 Modicon M580 项目处于已生成状态，然后在"项目浏览器"中，选中"变量和 FB 实例"，右键菜单"导出"：	变量导出成 M580 _ HS-BY. XVM 文件

（续）

序号	步骤	操作方法及说明	质量标准
4	Control Expert 软件导出变量	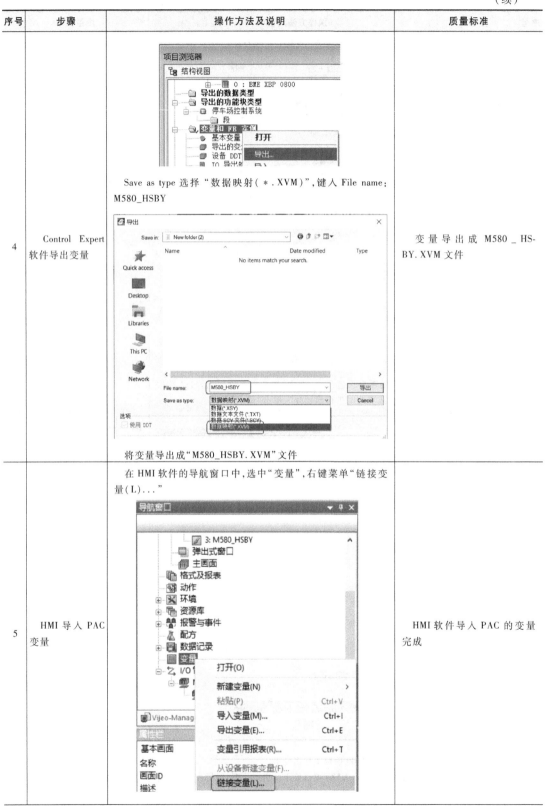Save as type 选择"数据映射(＊.XVM)"，键入 File name： M580_HSBY 将变量导出成"M580_HSBY.XVM"文件	变量导出成 M580_HS-BY.XVM 文件
5	HMI 导入 PAC 变量	在 HMI 软件的导航窗口中，选中"变量"，右键菜单"链接变量(L)..."	HMI 软件导入 PAC 的变量完成

（续）

序号	步骤	操作方法及说明	质量标准
5	HMI 导入 PAC 变量	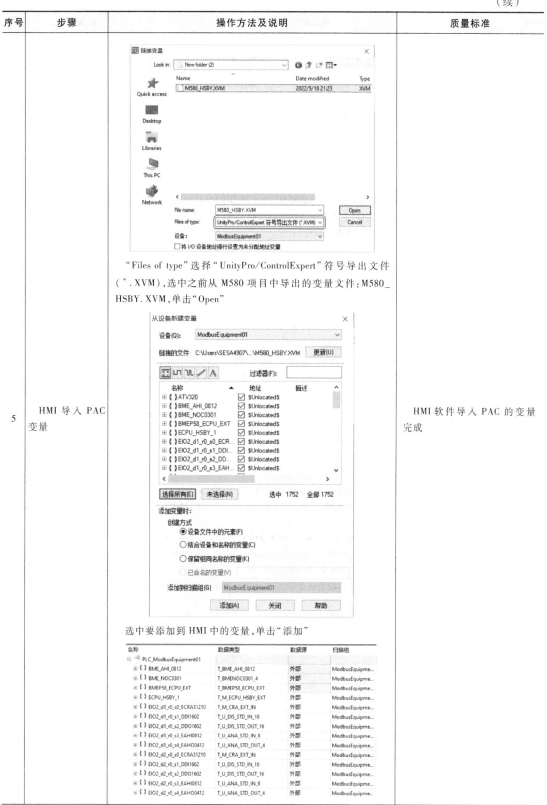"Files of type"选择"UnityPro/ControlExpert"符号导出文件（*.XVM），选中之前从 M580 项目中导出的变量文件：M580_HSBY.XVM，单击"Open" 选中要添加到 HMI 中的变量，单击"添加"	HMI 软件导入 PAC 的变量完成

（续）

序号	步骤	操作方法及说明	质量标准
6	创建画面,显示热备系统的状态	创建 1 个 M580_HSBY 画面: 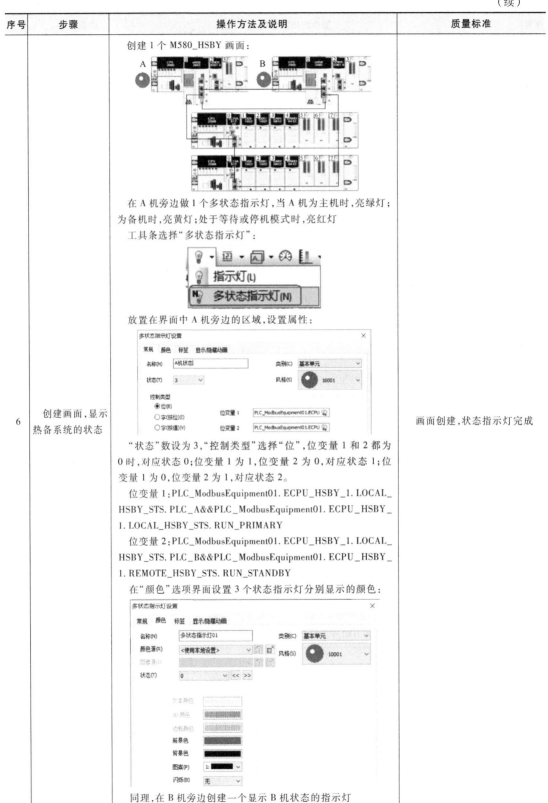 在 A 机旁边做 1 个多状态指示灯,当 A 机为主机时,亮绿灯;为备机时,亮黄灯;处于等待或停机模式时,亮红灯 工具条选择"多状态指示灯": 放置在界面中 A 机旁边的区域,设置属性: "状态"数设为 3,"控制类型"选择"位",位变量 1 和 2 都为 0 时,对应状态 0;位变量 1 为 1,位变量 2 为 0,对应状态 1;位变量 1 为 0,位变量 2 为 1,对应状态 2。 位变量 1:PLC_ModbusEquipment01. ECPU_HSBY_1. LOCAL_HSBY_STS. PLC_A&&PLC_ModbusEquipment01. ECPU_HSBY_1. LOCAL_HSBY_STS. RUN_PRIMARY 位变量 2:PLC_ModbusEquipment01. ECPU_HSBY_1. LOCAL_HSBY_STS. PLC_B&&PLC_ModbusEquipment01. ECPU_HSBY_1. REMOTE_HSBY_STS. RUN_STANDBY 在"颜色"选项界面设置 3 个状态指示灯分别显示的颜色: 同理,在 B 机旁边创建一个显示 B 机状态的指示灯	画面创建,状态指示灯完成

（续）

序号	步骤	操作方法及说明	质量标准
7	热备切换按钮	在画面上创建 1 个按钮,按下该按钮,控制热备系统的主备切换: 工具条选中"开关": 放置在画面上,设置属性:	创建主备切换按钮完成
8	验证、生成、下载	将验证生成无误的工程下载到目标 HMI:	下载成功,工程在 HMI 中运行
9	下载程序	将 M580 程序下载到 PAC,启动 M580 热备系统	程序下载完成,热备正常启动
10	通信调试	从 HMI 上观察 M580 热备系统 A、B 机的状态,按下切换按钮,观察状态的变化	通信连通,HMI 上显示满足要求,热备状态正常切换

问题情境一：

问： 假如你是一名自控系统维护工程师，当你在 HMI 上发现 A 机正常运行在主机模式，B 机处于等待模式，应如何处理？

答： 热备冗余系统要求两个控制器始终运行在一个主机、一个备机状态，当主机出现故障时，备机能及时无扰地接管整个控制。所以一旦监视到备机工作不正常（等待或者停机），虽然此时对设备运行没有影响，仍需要及时地排查问题，使备机工作在正常状态，否则，主机发生故障时，备机不能切换接管控制，将造成系统停机。

问题情境二：

问： 假如你是一名自控系统设计工程师，客户要求无须打开 ControlExpert 软件程序连机，直观快速地排查热备系统的故障信息，请问你将怎么做？

答： 在 ControlExpert 软件中，热备 DDT 变量 ECPU_HSBY_1 提供了双机热备系统的命令和状态信息，包含了用于管理双机热备系统的所有状态、控制和命令功能。可以将这个结构化变量的内容与 HMI 相结合，在 HMI 上做一个画面，显示 Modicon M580 双机热备系统的诊断信息，一旦双机热备系统出现问题，现场维护人员通过 HMI 上的画面，即可直观、快速地了解故障所在，而无需打开 ControlExpert 软件中的程序，连机去查看。同时，也可以将一些常用热备命令操作（主备切换测试、主备程序同步……）放置在画面上，方便现场维护人员测试或者操作。HMI 上的画面示例：

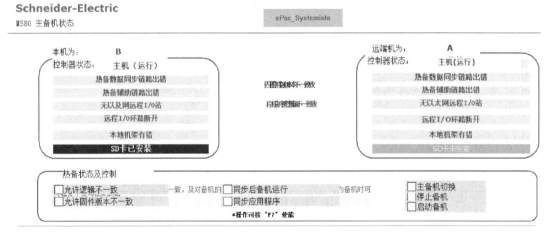

（四）学习成果评价

序号	评价内容	评价标准	评价结果(是/否)
1	网络架构	正确连接网络架构	
2	HMI 上画面	正确创建 HMI 上画面	
3	多状态指示灯	正确创建 Modicon M580 热备系统状态指示灯	
4	命令按钮	正确创建按钮控制热备系统切换	

五、课后作业

1. 请在 HMI 画面上显示 Modicon M580 远程 I/O 系统以太网的连接状态，当有网络连接中断时，发出报警信号。

　　2. 请思考一下，如果热备系统状态不正常，应如何排查故障？

附　录

使用软件版本清单：

1. Control Expert V15.1，Modicon M580/M340 编程软件；
2. Vijeo Designer Basic V1.2.1.201，HMI 组态软件；
3. Advantys Configurator V12.2，Modicon STB 分布式 I/O 配置软件；
4. TM3BC IO Configurator V1.1.9.1，TM3 分布式 I/O 配置软件；
5. SE_ET_ATV320_0119E.eds，ATV320 变频器 EIP 通信 eds 配置文件；
6. SEATV320_010305E.eds，ATV320 变频器 CANopen 通信 eds 配置文件。

参 考 文 献

［1］ 中国国家标准化管理委员会. 基于 Modbus 协议的工业自动化网络规范（第 1 部分）：Modbus 应用协议：GB/T 19582.1—2008［S］. 北京：中国标准出版社，2008.

［2］ 中国国家标准化管理委员会. 基于 Modbus 协议的工业自动化网络规范（第 2 部分）：Modbus 协议在串行链路上的实现指南：GB/T 19582.2—2008［S］. 北京：中国标准出版社，2008.

［3］ 中国国家标准化管理委员会. 基于 Modbus 协议的工业自动化网络规范（第 3 部分）：Modbus 协议在TCP/IP 上的实现指南：GB/T 19582.3—2008.［S］. 北京：中国标准出版社，2008.

［4］ 王兆宇. 变频器 ATV320 工程应用入门与进阶［M］. 北京：中国电力出版社，2020.

［5］ 施耐德电气. EcoStruxure™ Control Expert 安装手册［Z］. 2021.

［6］ 施耐德电气. EcoStruxure™ Control Expert 操作手册［Z］. 2021.

［7］ 施耐德电气. EcoStruxure™ Control Expert 程序语言和结构参考手册［Z］. 2021.

［8］ 施耐德电气. EcoStruxure™ Control Expert Hardware Catalog Manager 操作指南［Z］. 2021.